# 110kV输电线路钻越塔标准化设计图集

钻越塔塔型图

国网河南省电力公司经济技术研究院 组编

中国电力出版社
CHINA ELECTRIC POWER PRESS

内容提要

输电线路标准化设计是国网河南省电力公司贯彻落实国网公司基建部"六精四化"精神，加快科学发展、建设"资源节约型、环境友好型"社会、提升技术创新能力和贯彻"两型三新一化"理念的重要体现，是实施设计标准化管理、统一电网建设标准和合理控制造价的重要手段，对提高输电线路设计、物资招标、机械化施工及运行维护等工作效率和质量将发挥重要技术支撑作用。

本书为《110kV 输电线路钻越塔标准化设计图集　钻越塔塔型图》，全书共包括 4 个钻越塔子模块、8 种塔型，各子模块均包括主要技术条件参数表、子模块说明及塔型一览图等内容。

本书可供电力系统各设计单位，从事电网建设工程规划、管理、施工、安装、运维、设备制造等专业人员以及院校相关专业的师生参考使用。

图书在版编目（CIP）数据

110kV 输电线路钻越塔标准化设计图集. 钻越塔塔型图／国网河南省电力公司经济技术研究院组编. —北京：中国电力出版社，2023.6
ISBN 978-7-5198-7614-2

Ⅰ. ①1… Ⅱ. ①国… Ⅲ. ①输电铁塔-工程设计-图集　Ⅳ. ①TM753-64

中国国家版本馆 CIP 数据核字（2023）第 040131 号

出版发行：中国电力出版社	印　　刷：三河市百盛印装有限公司
地　　址：北京市东城区北京站西街 19 号（邮政编码：100005）	版　　次：2023 年 6 月第一版
网　　址：http://www.cepp.sgcc.com.cn	印　　次：2023 年 6 月北京第一次印刷
责任编辑：罗　艳　高　芬	开　　本：880 毫米×1230 毫米　横 16 开本
责任校对：黄　蓓　王海南	印　　张：2.75
装帧设计：张俊霞	字　　数：92 千字
责任印制：石　雷	定　　价：39.00 元

版权专有　侵权必究

本书如有印装质量问题，我社营销中心负责退换

《110kV 输电线路钻越塔标准化设计图集　钻越塔塔型图》
编 委 会

主　　任　　张明亮
副 主 任　　齐　涛　　胡志华　　魏澄宙
委　　员　　冯政协　　鲍俊立　　刘湘苣　　邓秋鸽　　田春筝　　吴烜玮　　周　怡　　陈　晨　　郭　飞
　　　　　　张　亮　　徐京哲　　樊东峰　　武东亚　　樊庆玲　　殷　毅　　董平先

《110kV 输电线路钻越塔标准化设计图集　钻越塔塔型图》
编 制 组

主　　编　　鲍俊立　　吴烜玮
副 主 编　　周　怡　　陈　晨
编写人员　　张　亮　　郭　飞　　徐京哲　　武东亚　　樊庆玲　　殷　毅　　董平先　　裴浩威　　牛　凯
　　　　　　唐亚可　　郭　伟　　李留成　　魏荣生　　仝　雅　　周　正　　宋文卓　　宋景博　　宋晓帆
　　　　　　齐桓若　　姚　晗　　郭　放　　翟育新　　汪　赟　　李　凯　　张金凤　　赵　冲　　王　卿
　　　　　　白萍萍　　刁　旭　　王顺然　　郭夫然　　薛文杰　　康祎龙　　黄　茹　　李　铮　　姚若夫
　　　　　　郝　健　　吴　豫　　王　锐　　郭建宇　　王　洋　　刑瑞朋　　杨增涛　　王东洋　　王玉杰
　　　　　　田玉伟　　陈军帅　　陈小明　　杨硕彦　　李　捷　　候　帅　　翟建峰　　殷向辉　　侯森超
　　　　　　陈　旭　　朱培杰　　贾璐璐　　王德弘　　白俊峰　　曾　聪　　田　利　　刘俊才　　荣坤杰

《110kV 输电线路钻越塔标准化设计图集 钻越塔塔型图》

设 计 工 作 组

牵头单位　国网河南省电力公司经济技术研究院
成员单位　河南鼎力铁塔股份有限公司　　东北电力大学　　山东大学

前　言

《110kV输电线路钻越塔标准化设计图集》是国网河南省电力公司标准化建设成果体系的重要组成部分。在省公司领导的关心指导下、在公司建设部和互联网部的大力支持下，国网河南省电力公司经济技术研究院牵头组织相关科研单位和设计院，结合河南"十四五"电网规划，在广泛调研的基础上，经专题研究和专家论证，历时一年编制完成《110kV输电线路钻越塔标准化设计图集》。

本书涵盖了河南省区域钻越塔适用的典型设计气象条件（基本风速27m/s、覆冰厚度10mm）、常用导线型号（2×JL/G1A-240/30、2×JL/G1A-300/40）等技术条件，该研究成果具有安全可靠、技术先进、经济适用、协调统一等显著特点，是国网河南省电力公司标准化体系建设的又一重大研究成果，对指导河南省区域乃至全国110kV输电线路标准化体系建设、提高电网建设的质量和效率都将发挥积极推动和技术引领作用。

本书在编制过程中得到了国网河南省电力公司相关部门的大力支持，在此谨表感谢。

由于编者水平有限，书中难免存在不足之处，敬请广大读者给予指正。

编　者

二〇二二年七月

目　　录

前言

第1章　概述 …………………………………………… 1

第2章　设计依据 ……………………………………… 2

第3章　模块划分和分工 ……………………………… 3

第4章　主要设计原则和方法 ………………………… 5

第5章　铁塔尺寸及结构优化 ………………………… 13

第6章　主要技术特点 ………………………………… 15

第7章　综合效益分析 ………………………………… 17

第8章　标准化设计使用总体说明 …………………… 18

第9章　单回路钻越塔子模块 ………………………… 19

第10章　双回路钻越塔子模块 ………………………… 27

第1章 概述

1.1 目的和意义

根据国家电网有限公司"六精四化"的总体要求，国网河南省电力公司在广泛开展调研的基础上，积极推进电网标准化管理体系建设，以科技创新和标准化管理为着重点，以提高电网建设工作质量和效率为出发点，不断提升理论研究集成创新能力和成果应用转化能力。

为统一输电线路设计技术标准、提高工作效率、降低工程造价，贯彻"资源节约型、环境友好型"的设计理念，推进技术创新成果标准化设计的应用转化，开展110kV输电线路钻越塔标准化设计工作，对强化集约化管理，统一建设标准，统一材料规格，规范设计程序，提高设计、评审、招标、机械化施工的工作效率和工作质量，降低工程造价，实现资源节约、环境友好和全寿命周期建设目标均起到重要的技术支撑作用，是对国家电网有限公司输变电工程标准化设计成果的重要补充。

1.2 总体原则

本标准化设计在研究过程中贯彻执行国家电网有限公司全寿命周期和"两型三新一化"的设计理念，坚持安全可靠、技术先进、资源节约、环境友好、经济合理和全寿命周期成本优化的设计原则，在广泛调研河南省电网区域特点和110kV输电线路的建设实践经验的基础上，经过设计优化和集成创新，确保形成具有可靠性、先进性、经济性、统一性、适应性和灵活性的110kV输电线路钻越塔标准化设计成果。

（1）可靠性：结合河南省区域自然环境、气象条件和经济社会发展状况，在充分调研的基础上，经技术经济比选，优化塔型设计，确保铁塔安全可靠。

（2）先进性：在全面应用国家电网有限公司现有标准化设计成果的基础上，提高设计集成创新能力，积极采用"新材料、新技术、新工艺"，形成技术先进的标准化研究成果。

（3）经济性：全面贯彻全寿命周期研究理念，综合考虑工程初期投资和长期运行费用，合理规划铁塔型式、塔头布置以及塔腿根开取值范围，确保最佳的经济社会效益和技术水平。

（4）统一性：依据最新规程、规范，参照国家电网有限公司标准化设计成果，统一设计技术标准和设备采购标准。

（5）适应性：本标准化成果主要适用以平地地形（海拔1000m以下）为主且钻越高度受限制地区的110kV输电线路工程。

（6）灵活性：合理划分铁塔模块、转角度数等边界技术条件，设计和施工更加便捷和灵活。

第2章 设计依据

2.1 主要规程规范

本标准化设计主要按照以下规程规范执行：

GB 50009—2012 《建筑结构荷载规范》
GB 50017—2017 《钢结构设计标准》
GB 50545—2010 《110kV～750kV架空输电线路设计规范》
GB/T 700—2006 《碳素钢结构》
GB/T 1179—2017 《圆线同心绞架空导线》
GB/T 1591—2018 《低合金高强度结构钢》
GB/T 3098.1—2010 《紧固件机械性能 螺栓、螺钉和螺柱》
GB/T 3098.2—2015 《紧固件机械性能 螺母》
GB/T 50064—2014 《交流电气装置的过电压保护和绝缘配合设计规范》
DL/T 284—2021 《输电线路杆塔及电力金具用热浸镀锌螺栓与螺母》
DL/T 5582—2020 《架空输电线路电气设计规程》
DL/T 5486—2020 《架空输电线路铁塔结构设计技术规程》
DL/T 5442—2020 《输电线路铁塔制图和构造规定》
DL/T 5551—2018 《架空输电线路荷载规范》
Q/GDW 1799.2—2013 《电力安全工作规程 线路部分》
Q/GDW 1829—2021 《架空输电线路防舞设计规范》

2.2 国家电网公司有关规定

国家电网基建〔2014〕10号《国网基建部关于加强新建输变电工程防污闪等设计工作的通知》

国家电网基建〔2014〕1131号《国家电网公司关于明确输变电工程"两型三新一化"建设技术要求的通知》

国网基建〔2018〕387号《输电线路工程地脚螺栓全过程管控办法（试行）》

国家电网设备〔2018〕979号《国家电网有限公司十八项电网重大反事故措施（修订版）》

基建技术〔2020〕54号《国网基建部关于发布线路杆塔通用设计优化技术导则及模块序列清单的通知》

第3章 模块划分和分工

3.1 划分原则

结合河南省电网特点、气象条件和地形地貌等区域特点，在充分调研的基础上，确定以下铁塔模块划分原则：

本标准化设计以30年重现期、基本风速27m/s（10m基准高）、覆冰厚度10mm、海拔低于1000m线路和钻越高度受限区域的平地为主要设计边界条件，针对110kV输电线路钻越塔适用的电压等级、回路数、导线截面、铁塔型式、气象条件、地形条件、地线截面、适用档距、挂线点型式以及钻越方式，通过技术经济比较，合理划分塔型模块。

3.1.1 电压等级

本标准化设计仅对110kV电压等级的输电线路钻越塔进行研究。

3.1.2 回路数

结合河南省区域电网特点和前期调研情况，按照线路钻越高度受限区域集约化设计原则，本标准化设计考虑110kV电压等级的单回和双回架设方式。

3.1.3 导线截面

根据国家电网有限公司标准化设计指导原则，结合河南省电网"十四五"发展规划，经过技术经济综合比选，本标准化设计110kV输电线路导线按2×JL/G1A－240/30、2×JL/G1A－300/40两种标称截面进行选取。

3.1.4 铁塔型式

本标准化设计采用角钢塔，根据技术先进、安全可靠和经济合理的原则，经技术经济优化比选，角钢选用等边单角钢截面型式，单回路采用酒杯水平排列方式，双回路采用蝶形排列方式。

3.1.5 气象条件

根据调研结果，结合河南省区域气象特征和典型气象区的气象参数，本标准化设计基本风速取27m/s（10m基准高），覆冰厚度取10mm。

3.1.6 地形条件

本标准化设计适用海拔在1000m以下的110kV输电线路钻越高度受限制的平地区域。

3.1.7 地线截面

本标准化设计地线配合按如下原则选择：

导线截面为2×JL/G1A－240mm^{2}的钻越塔，地线选用JLB20A－100型铝包钢绞线；导线截面为2×JL/G1A－300mm^{2}的钻越塔，地线选用JLB20A－100型铝包钢绞线。

3.1.8 适用档距

根据调研和线路档距优化配置结果，结合河南省区域电网发展特点，经过技术经济比较，本标准化设计水平档距取300m、垂直档距取400m。

3.1.9 挂线点型式

钻越塔导线挂点按照单挂点设计，地线按照单挂点设计，跳线按照单挂点设计。

3.2 划分和编号

根据钻越塔型使用特点，结合导线截面、气象条件、回路数和适用区域等因素，按照《35kV～750kV线路杆塔通用设计优化技术导则（试行）》划分原则，本标准化设计共划分为4个铁塔子模块，8种塔型，总模块划分一览表见表3.2－1。

表3.2－1　　　　总模块划分一览表

序号	模块编号	系统条件	环境条件	杆塔材料	塔型编号
1	110－EC21D	回路数：单回路 导线截面：2×240mm^2	基本风速：27m/s 覆冰厚度：10mm 海拔：0～1000m	角钢	110－EC21D－JZY1 110－EC21D－JZY2
2	110－EC21S	回路数：双回路 导线截面：2×240mm^2	基本风速：27m/s 覆冰厚度：10mm 海拔：0～1000m	角钢	110－EC21S－JZY1 110－EC21S－JZY2
3	110－FC21D	回路数：单回路 导线截面：2×300mm^2	基本风速：27m/s 覆冰厚度：10mm 海拔：0～1000m	角钢	110－FC21D－JZY1 110－FC21D－JZY2

续表 3.2-1

序号	模块编号	系统条件	环境条件	杆塔材料	塔型编号
4	110-FC21S	回路数：双回路 导线截面：2×300mm²	基本风速：27m/s 覆冰厚度：10mm 海拔：0~1000m	角钢	110-FC21S-JZY1 110-FC21S-JZY2

杆塔模块编号由 2 个字段组成，第一字段为电压等级，第二字段为技术条件组合，由"导线截面+基本风速+覆冰厚度+海拔+杆塔材料+回路数"组成，杆塔塔型编号由 3 个字段组成，即在杆塔模块编号基础上增加第三字段"杆塔塔型"，由"杆塔形式+塔型系列"组成。杆塔塔型编号规则见图 3.2-1。

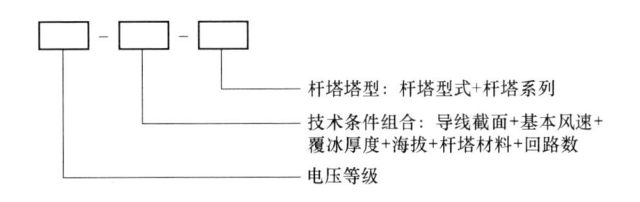

图 3.2-1 杆塔塔型编号规则

编号示例：

110-EC21D-JZY1：表示电压等级为 110kV，导线截面为 2×240mm²，基本风速为 27m/s，覆冰厚度为 10mm，海拔为 0~1000m，转角为 0°~40°的单回路角钢钻越塔。

110-EC21S-JZY2：表示电压等级为 110kV，导线截面为 2×240mm²，基本风速为 27m/s，覆冰厚度为 10mm，海拔为 0~1000m，转角为 40°~90°的双回路角钢钻越塔。

3.3 设计分工

本标准化设计根据导线截面共分 4 个子模块、8 种塔型，具体参与单位及承担设计内容见表 3.3-1。

表 3.3-1 参与单位及承担设计内容

序号	参编单位	负责内容
1	国网河南省电力公司经济技术研究院	组织策划、技术总负责
2	河南鼎力杆塔股份有限公司	结构设计、制图
3	东北电力大学	节点设计优化
4	山东大学	结构计算研究

第4章 主要设计原则和方法

4.1 设计气象条件

按照安全可靠、通用适用的原则，结合《110kV～750kV 架空输电线路设计规范》(GB 50545—2010) 典型气象区气象参数进行适当归并、制定。

4.1.1 气象条件重现期

依据 GB 50545—2010 中 4.0.1 "110kV～330kV 输电线路及其大跨越重现期应取 30 年"的规定，本标准化气象条件重现期按 30 年设计。

4.1.2 最大风速取值

根据河南省各地市气象站气象资料汇总统计分析，气象记录最大风速为 24～26m/s 的气象站占 90%以上。依据《建筑结构荷载规范》(GB 50009—2012) 全国基本风压分布图，河南省大部分区域位于基本风压 0.3～0.4kN/m² 区间内，换算出河南省最大风速为 24～25.5m/s。

依据 GB 50545—2010 中 4.0.4 "110kV～330kV 输电线路基本风速不宜低于 23.5m/s"的设计规定，本标准化设计基本风速按 27m/s 选取（10m 基准高）。

4.1.3 覆冰厚度取值

依据《河南省 30 年一遇电网冰区分布图（2020 年版）》可知，河南省 0～10mm 覆冰地域约占 85%，10mm 以上覆冰地域占比重 15%（多位于河南省西部和南部山区）。

根据河南省 30 年一遇电网冰区分布图，结合调研情况，本标准化设计覆冰厚度取 10mm。

4.1.4 最高气温

参照河南气象日照站的实际观测数据，全省最高气温月平均气温为 36～38℃，参照 GB 50545—2010 中典型气象区参数，本标准化设计最高气温取 40℃。

4.1.5 年平均气温

河南省年平均气温一般为 12.8～15.5℃，且南部高于北部，东部高于西部。豫西山地和太行山地，因地势较高，气温偏低，年平均气温在 13℃以下；南阳盆地因伏牛山阻挡，北方冷空气势力减弱，淮南地区由于位置偏南，年平均气温均在 15℃以上，成为全省两个比较稳定的暖温区。

全省冬季寒冷，最冷月（多为 1、2 月）平均气温在 0℃左右（南部 0℃以上，如信阳为 2.3℃；北部在 0℃以下，如郑州为 -0.3℃）。春季四月气温上升较快，豫西山区升至 13～14℃，黄淮平原可达 15℃左右。夏季炎热（多为 7、8 月），平均气温分布比较均匀，除西部山区因垂直高度的影响，平均气温在 26℃以下外，其他广大地区都在 27～28℃之间。秋季气温开始下降，10 月平均气温山地下降到 13～14℃，平原下降到 15～16℃，而南阳盆地和淮南地区都在 16℃以上。河南省各地年平均地温差距不大，一般为 15～17℃。北部略低，南部稍高。

依据 GB 50545—2010 中 4.0.10 "当地区年平均气温在 3～17℃时，宜取与年平均气温临近的 5 的倍数值"的规定，本标准化设计年平均气温取 15℃。

4.1.6 结论

综上分析，本标准化设计气象条件重现期按 30 年一遇、设计风速取 27m/s、覆冰厚度取 10mm。各子模块操作过电压和雷电过电压的对应风速按设计规范中的规定进行取值。设计气象条件组合表见表 4.1-1。

表 4.1-1　设计气象条件组合表

冰风组合条件		I
大气温度（℃）	最高	40
	最低	-20
	覆冰	-5
	基本风速	-5
	安装	-10
	雷过电压	15
	操作过电压	15
	年平均气温	15
风速（m/s）	基本风速	27
	覆冰	10
	安装	10

续表 4.1-1

冰风组合条件		Ⅰ
风速（m/s）	雷过电压	10
	操作过电压	15
覆冰厚度（mm）		10
冰的密度（g/cm³）		0.9

注　铁塔地线支架按导线设计覆冰厚度增加 5mm 工况进行强度校验。

4.2　导线和地线

目前我国导线标准采用《圆线同心绞架空导线》（GB/T 1179—2017），参照国家电网有限公司标准物料导、地线参数及相关技术要求，本标准化设计导线选用 2×JL/G1A-240/30、2×JL/G1A-300/40 型钢芯铝绞线，双分裂设计。

依据河南省区域电网特点，110kV 输电线路导线绝大多数采用水平排列方式，故本标准化设计导线排列方式按水平排列方式设计，分裂间距按照 400mm 取值。

同时参照《国家电网有限公司 35～750kV 输变电工程通用设计、通用设备应用目录（2023 年版）》中相关模块设计条件，本次标准化地线选用 JLB20A-100 铝包钢绞线。

输电线路地线应需满足其机械强度和导地线配合等相关技术要求，当采用 OPGW 作为地线时，还应根据系统短路热容量对地线进行校验，并满足铁塔地线支架强度要求。

导、地线技术参数见表 4.2-1 和表 4.2-2。

表 4.2-1　　　　　　导线技术参数

型号		JL/G1A-240/30	JL/G1A-300/40
根数/直径（mm）	钢	7/2.4	7/2.66
	铝	24/3.06	24/3.99
计算截面积（mm²）	钢	31.67	38.9
	铝	244.29	300.09
	总计	275.96	338.99

续表 4.2-1

型号	JL/G1A-240/30	JL/G1A-300/40
外径（mm）	21.6	23.94
计算拉断力（kN）	75.19	92.36
单位重量（kg/km）	920.7	1131
弹性模量（MPa）	73000	73000
综合膨胀系数（×10⁻⁶/℃）	19.6	19.6

表 4.2-2　　　　　　地线技术参数

型号	JLB20A-100
根数/直径（mm）	19/3.15
计算截面积（mm²）	100.88
外径（mm）	13.0
单位重量（kg/km）	674.1
计算拉断力（kN）	121.66
弹性模量（MPa）	147200
综合膨胀系数（×10⁻⁶/℃）	13

4.3　安全系数选定

导线安全系数的合理选取主要受设计气象条件、地形、档距以及经济性等因素影响，并经技术经济综合比选后确定合理的安全系数取值。

4.3.1　气象条件

气象条件要素取值为最高气温 40℃，最低气温 -20℃，年平均气温 15℃，基本风速 27m/s，覆冰厚度 10mm。

4.3.2　地形

海拔为 1000m 以下的 110kV 输电线路钻越高度受限制区域。

4.3.3　档距

本标准化设计水平档距取 300m、垂直档距取 400m。

4.3.4 安全系数

导线安全系数取 2.5，年平均运行张力 25%，地线安全系数法计算荷载，JLB20A-100 安全系数取 4.0。

4.4 绝缘配合及防雷接地

4.4.1 绝缘配合原则

结合河南省区域经济社会发展情况，依据《国网基建部关于加强新建输变电工程防污闪等设计工作的通知》（国家电网基建〔2014〕10 号）中"提高输电线路防污能力，c 级及以下污区均提高一级配置；d 级污区按照上限配置；e 级污区按照实际情况配置，适当留有余度"的要求，参照河南省电力系统污秽区域分布图（2020 年版），本标准化设计按 e 级污秽区（要求爬电比距≥3.2cm/kV）进行设计绝缘配置。

4.4.2 绝缘子选型

采用爬电比距法确定绝缘子型式和数量，绝缘子的片数按下式计算

$$n \geq \lambda U / (K_e L_{01}) \quad (4.4-1)$$

式中 n——钻越塔绝缘子串的绝缘子片数；
U——线路额定电压，kV；
λ——爬电比距，cm/kV；
L_{01}——绝缘子几何爬距距离，cm；
K_e——有效系数，一般取 1.0。

依据《河南电网发展技术及装备原则（2020 年版）》中"35kV～220kV 线路宜全部采用复合绝缘子，500kV 线路跳线串及跳线串宜采用复合绝缘子，耐张串宜采用瓷绝缘子。绝缘子串应具有良好的均压和防电晕性能"的规定，本标准化设计绝缘子按复合绝缘子选取。

参照国家电网有限公司标准物资标准参数，目前最常用的是结构高度为 1440mm 的复合绝缘子，复合绝缘子结构高度与爬电距离关系见表 4.4-1。

表 4.4-1 复合绝缘子结构高度与爬电距离关系

电压等级（kV）	绝缘子型式	结构高度（m）	最小爬电距离（mm）
110	复合绝缘子	1440	3700

结合河南省区域电网建设及运行特点，本标准化设计选用防污性能较好的复合绝缘子进行电气、荷载及结构验算。110kV 复合绝缘子电气参数见表 4.4-2。

表 4.4-2 110kV 复合绝缘子电气参数

绝缘子型号	额定抗拉负荷（kN）	结构高度（mm）	最小电弧距离（mm）	最小公称爬电距离（mm）	雷电全波冲击耐受电压 kV（峰值）不小于	工频 1min 湿耐受电压 kV（有效值）不小于	质量（kg）
FXBW-110/120-3	120	1440±15	1244	3700	550	230	4.1

4.4.3 绝缘子串

依据 GB 50545—2010 中 6.0.1 的规定，绝缘子和金具的机械强度需满足下式要求

$$K_I = T_R / T \quad (4.4-2)$$

式中 K_I——绝缘子的机械强度安全系数，见表 4.4-3；
T_R——绝缘子的额定机械破坏负荷，kN；
T——分别取绝缘承受的最大使用荷载、断线荷载、断联荷载、验算荷载或常年荷载，kN，见表 4.4-4。

表 4.4-3 绝缘子的机械强度安全系数

项目	最大使用荷载		常年荷载	验算荷载	断线荷载	断联荷载
	盘型绝缘子	棒形绝缘子				
安全系数	2.7	3.0	4.0	1.5	1.8	1.5

表 4.4-4 金具的机械强度安全系数

项目	最大使用荷载	验算荷载	断线荷载	断联荷载
安全系数	2.5	1.5	1.5	1.5

4.4.3.1 导线耐张绝缘子串

依据国家电网有限公司标准物资参数，结合本标准化设计技术条件，导线耐张绝缘子串选型说明如下：

（1）依据国家电网有限公司标准物资进行选型，坚持"标准统一、余度适当"的原则。

（2）参照《国家电网有限公司 35～750kV 输变电工程通用设计、通用设

备应用目录（2023年版）》，2×JL/G1A-240/30、2×JL/G1A-300/40型导线选用1NP21Y-4040-10P（H）、1NP21Y-4040-12P（H）RZ串型。

（3）合成绝缘子结构高度为1440mm，2×JL/G1A-240/30型导线选用100kN级，2×JL/G1A-300/40型导线选用120kN级，最小爬电距离为3700mm。

（4）合成绝缘子两侧均按安装均压环考虑。

（5）耐张串均采用双联单挂点绝缘子串。

（6）40°~90°钻越塔上相外角侧耐张串应加延长杆。

（7）导线耐张绝缘子串组装图见图4.4-1。

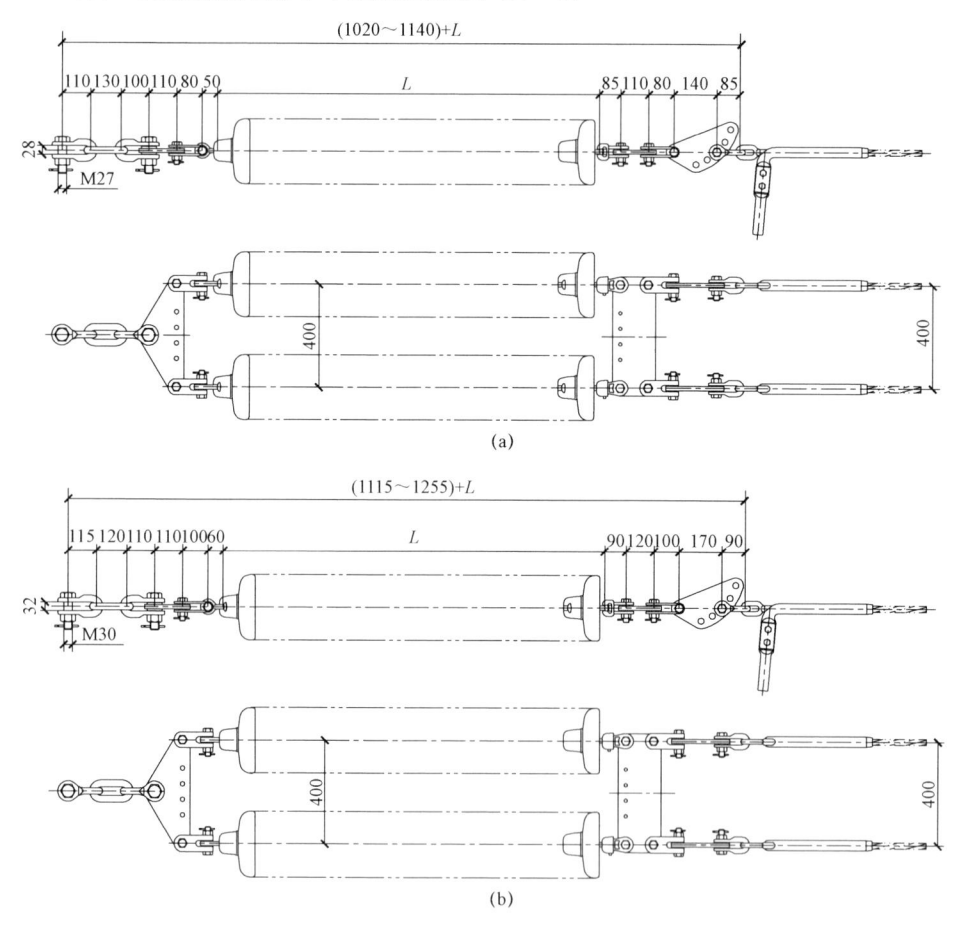

图4.4-1 导线耐张绝缘子串组装图
（a）1NP21Y-4040-10P（H）RZ；（b）1NP21Y-4040-12P（H）RZ

4.4.3.2 地线耐张绝缘子串

依据国家电网有限公司标准物资参数和《国家电网有限公司35~750kV输变电工程通用设计、通用设备应用目录（2023年版）》，结合本标准化设计技术条件，本标准化设计地线耐张选用BN2Y-BG-10串型，质量为5.7kg。地线耐张串组装图见图4.4-2。

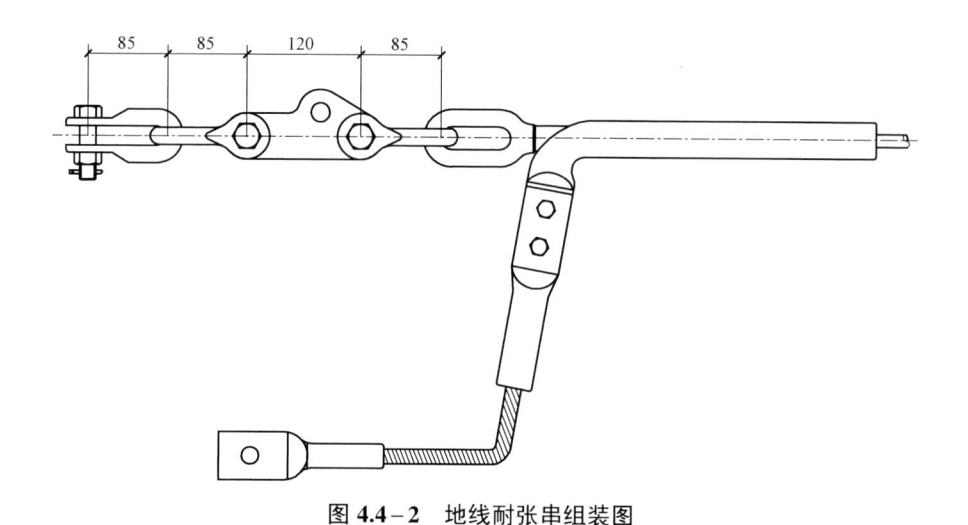

图4.4-2 地线耐张串组装图

4.4.3.3 跳线绝缘子串

本标准化设计双回路上相使用绕跳跳线串，其他使用直线跳线串。双回路上相选用1TP-20-07H（P）RS串型，其他跳线串中，选用1TP-10-07H（P）Z串型。

本标准化设计考虑跳线采用并沟线夹，跳线绝缘子串加挂重锤片（3片）时杆身的间隙和风偏校验情况。

跳线绝缘子串组装图见图4.4-3和图4.4-4。

4.4.4 空气间隙

（1）带电部分与铁塔构件的最小间隙。依据GB 50545—2010，线路带电部分与铁塔构件的最小间隙见表4.4-5。

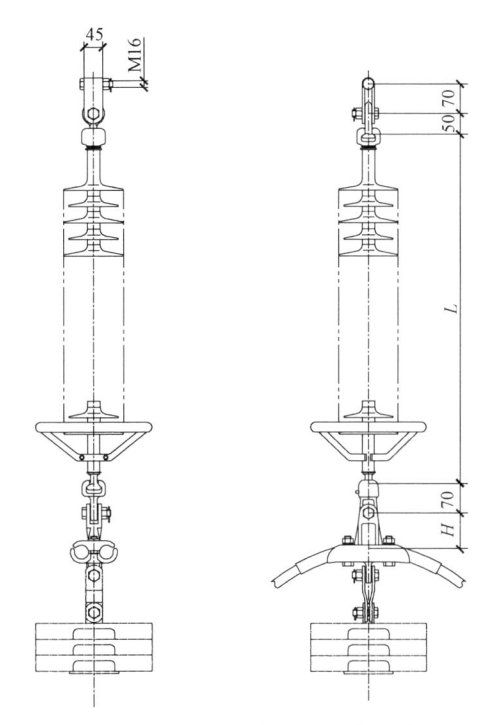

图 4.4-3　直跳跳线绝缘子串组装图

表 4.4-5　线路带电部分与铁塔构件的最小间隙

工作情况	最小空气间隙（m）	相应风速（m/s）
内过电压	1.45	15
外过电压	1.9	10
运行电压	0.55	27
带电检修	1.8	10

注　操作部位考虑人活动范围 0.5m。

（2）裕度选取。对于钻越塔在外形布置时，结构裕度对应于角钢准线选取，塔身部位 300mm，其余部位 200mm。

4.4.5　防雷设计

GB 50545—2010 规定，110kV 输电线路宜全线架设地线，在年平均雷暴日数不超过 15d 或运行经验证明雷电活动轻微的地区，可不架设单地线。无地线的输电线路，宜在变电站或发电厂的进线段架设 1~2km 地线。

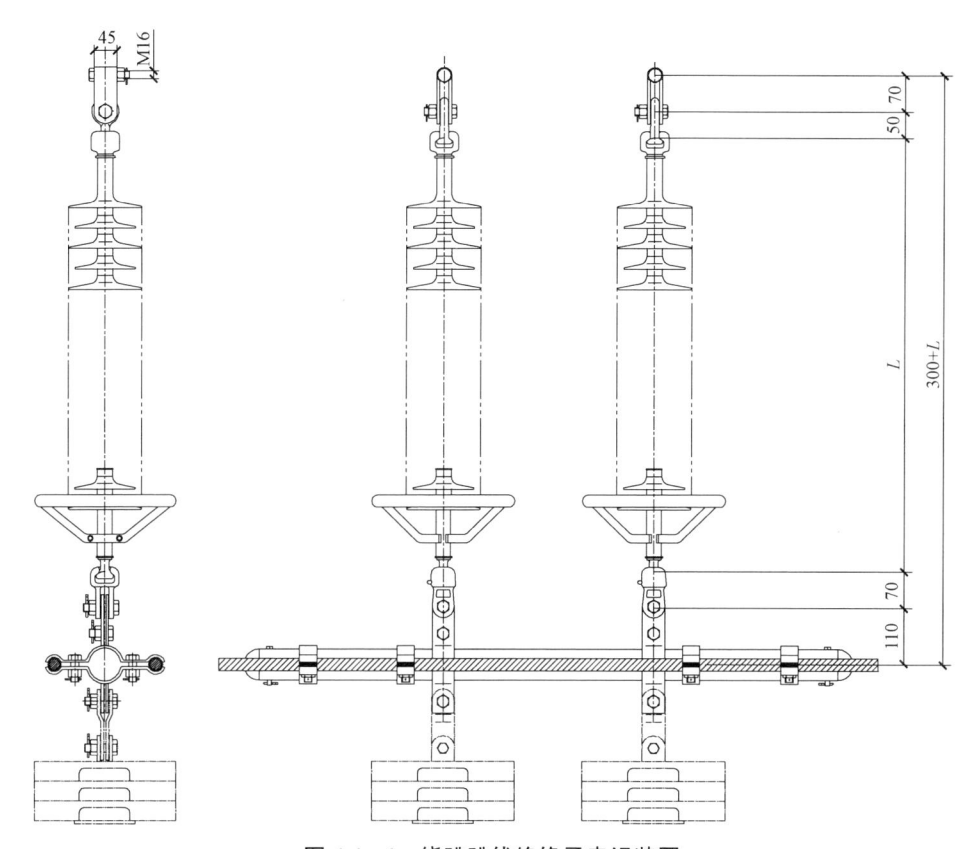

图 4.4-4　绕跳跳线绝缘子串组装图

地线对导线保护角依据 GB 50545—2010 中 7.0.14.1 "对于单回路 330kV 及以下线路的保护角不宜大于 15°，500~750kV 线路的保护角不宜大于 10°"，7.0.14.2 "对于同塔双回或多回路，110kV 线路的保护角不宜大于 10°，220kV 及以上线路的保护角均不宜大于 0°"的要求设计。

根据 GB 50545—2010 中 7.0.15 "铁塔上两根地线之间的距离应满足，不应超过地线与导线间垂直距离的 5 倍。在一般档距的档距中央，导线与地线间的距离，应满足 $S \geqslant 0.012L+1$ 的要求"的规定，本标准化设计为满足上述要求，在钻越档按架设双地线设计。

4.4.6　接地设计

依据 GB 50545—2010 中 7.0.16、7.0.19 的规定，有地线的塔型应接地。本标准化设计钻越塔地线支架、导线横担与绝缘子固定部分之间，具有可靠的电气连接，通过预留接地螺栓与接地装置可靠连接。

4.5 塔头布置

（1）本标准化设计双回路采用三层横担蝶形布置方式（每侧导线三角形排列）。单回路酒杯塔布置方式（导线呈水平排列）。

（2）依据 GB 50545—2010，本标准化设计铁塔的导线水平线间距离应按下式计算

$$D \geqslant k_i L_k + \frac{U}{110} + 0.65\sqrt{f_c} \qquad (4.5-1)$$

式中 k_i——悬垂绝缘子串系数，本标准化设计为耐张塔，取值为 0；

D——导线水平线间距离，m；

L_k——悬垂绝缘子串长度，m；

U——系统标称电压，kV；

f_c——导线最大弧垂，m。

（3）导线三角形排列的等效水平间线间距离应按下式计算

$$D_x = \sqrt{D_p^2 + (4/3D_z)^2} \qquad (4.5-2)$$

式中 D_x——导线三角形排列的等效水平线间距离，m；

D_p——导线间水平投影距离，m；

D_z——导线间垂直投影距离，m。

（4）地线与导线和相邻导线间的水平位移，依据 GB 50545—2010 的规定选取，10mm 冰区水平位移不小于 0.5m。

4.6 挂点设计

导线挂点采用单挂双联的型式，挂线板是否火曲及火曲度数根据电气条件确定。挂线点见图 4.6－1。

图 4.6－1 挂线点

4.7 铁塔规划

4.7.1 地线配置

本标准化设计钻越塔之间考虑双地线设计。

4.7.2 转角度数

本标准化设计铁塔转角度数划分为 0°～40°、40°～90°两个系列。

4.7.3 设计档距

本标准化设计钻越塔水平档距及垂直档距见表 4.7－1。

表 4.7－1　　　　水平档距及垂直档距

使用条件	水平档距（m）	垂直档距（m）	代表档距（m）	K_V系数
110－EC21D－JZY	300	400	150/300	—
110－EC21S－JZY	300	400	150/300	—
110－FC21D－JZY	300	400	150/300	—
110－FC21S－JZY	300	400	150/300	—

4.8 钻越塔设计的一般规定

（1）为增加铁塔顺线路方向的刚度，简化结构型式，本次钻越塔采用方形断面。

（2）为保证钻越塔抗扭刚度，隔面设置不大于 4 个主材节间分段且不大于 5 倍的平均宽度。

（3）角钢构件之间的夹角不小于 15°。

4.9 钻越塔的荷载

4.9.1 气象条件重现期

依据 GB 50545—2010，110kV 输电线路重现期取 30 年。

4.9.2 基本风速距地高度

依据 GB 50545—2010，110kV 输电线路统计风速应取离地面 10m。

4.9.3 铁塔荷载分类

（1）作用在塔身的荷载可分为永久荷载和可变荷载。

1）永久荷载：导线及地线、绝缘子及其附件、铁塔结构、各种固定设备等的重力荷载；土压力、拉线或纤绳的初始张力、土压力及预应力等荷载。

2）可变荷载：风和冰（雪）荷载；导线、地线及拉线的张力；安装检修的各种附加荷载；结构变形引起的次生荷载以及各种振动动力荷载。

（2）钻越塔承受的荷载及荷载的作用方向：钻越塔的荷载分解为横向荷载、纵向荷载和垂直荷载。

1）横向荷载：沿横担方向的荷载，如钻越塔导地线水平风力、张力产生的水平横向分力等；钻越塔应计算最不利的风向作用。一般耐张塔只计算 90°基本风速风向的荷载；终端塔除计算 90°基本风速的风向外，还应计算 0°基本风速的风向。

2）纵向荷载：垂直于横担方向的荷载，如导线、地线张力在垂直横担或地线支架方向的分量等。

3）垂直荷载：垂直于地面方向的荷载，如导线、地线的重力等。

4.10 钻越塔结构设计方法

钻越塔的结构设计，采用以概率理论为基础的极限状态设计法。极限状态分为承载能力极限状态和正常使用极限状态。钻越塔设计时，根据使用过程中在结构上可能同时出现的荷载，按照承载能力极限状态和正常使用极限状态分别进行荷载组合，并取各自最不利的组合进行设计。

4.10.1 承载能力极限状态

（1）承载能力极限状态，按照荷载的基本组合或偶然组合计算荷载的组合效应值，其表达式为

$$\gamma_0 \cdot S_d \leqslant R_d \qquad (4.10-1)$$

式中 γ_0——铁塔结构重要性系数，重要线路不应小于 1.1，临时线路取 0.9，其他线路取 1.0；

S_d——荷载组合效应设计值；

R_d——结构构件的抗力设计值，按照 DL/T 5486—2020 确定。

（2）荷载组合效应设计值 S_d，根据各种工况组合的气象条件，从荷载组合值中取用最不利或规定工况效应设计值确定。其表达式为

$$S_d = \gamma_G \cdot S_{GK} + \psi \cdot \gamma_Q \cdot \Sigma S_{QiR} \qquad (4.10-2)$$

式中 γ_G——永久荷载分项系数，对结构受力有利时不大于 1.0，不利时取 1.2；验算结构抗倾覆或滑移时取 0.9；

S_{GK}——永久荷载效应的标准值；

ψ——可变荷载调整系数，按表 4.10-1 的规定选取；

γ_Q——可变荷载分项系数，取 1.4；

S_{QiR}——第 i 项可变荷载效应的代表值。

表 4.10-1　　　　可变荷载调整系数

设计大风情况	设计覆冰情况	低温情况	不均匀覆冰情况	断线情况	安装情况
1.0	1.0	1.0	0.9	0.9	0.9

（3）荷载偶然组合的效应设计值 S_d，根据各种工况组合的气象条件，从荷载组合值中取用最不利或规定工况效应设计值确定。其表达式为

$$S_d = S_{GK} + S_{AD} + \Sigma S_{QiR} \qquad (4.10-3)$$

式中 S_{AD}——偶然荷载效应的标准值。

4.10.2 正常使用极限状态

（1）正常使用极限状态，荷载的标准组合效设计值应满足结构规定限值。其表达式为

$$S_d \leqslant C \qquad (4.10-4)$$

式中 C——结构或构件达到正常使用要求的规定限值。

（2）正常使用极限状态下，荷载的标准组合效设计值，根据各工况气象组合条件计算。其表达式为

$$S_d = S_{GK} + \psi \cdot \Sigma S_{QiR} \qquad (4.10-5)$$

（3）正常使用极限状态下，钻越塔的挠度计算，荷载的组合效设计值，根据各工况气象组合条件计算。其表达式为

$$S_d = S_{GK} + \Sigma S_{QiR} \qquad (4.10-6)$$

4.10.3 钻越塔材料

（1）钢材材质为 GB/T 700—2006 中规定的 Q235 系列以及 GB/T 1591—2018 中规定的 Q355、Q420 系列。按照实际使用条件确定钢材级别，钢材的强度设计值见表 4.10-2。

表4.10-2　　　　　　　　钢材的强度设计值　　　　　　　　（N/mm²）

钢材牌号	厚度或直径（mm）	抗拉、抗压和抗弯	抗剪	孔壁挤压
Q235钢	≤16	205	125	
	>16，≤40	205	120	
	>40，≤100	200	115	
Q355钢	≤16	305	175	
	>16，≤40	295	170	
	>40，≤63	290	165	510
	>63，≤80	280	160	
	>80，≤100	270	155	
Q420钢	≤16	375	215	
	>16，≤40	355	205	560
	>40，≤63	320	185	
	>63，≤100	305	175	
Q460钢	≤16	410	235	
	>16，≤40	390	225	590
	>40，≤63	355	205	
	>63，≤100	340	195	

（2）钻越塔连接螺栓主要采用6.8级、8.8级；其性能应符合GB/T 3098.1—2010、GB/T 3098.2—2015、DL/T 284的有关规定。螺栓强度设计值见表4.10-3。

表4.10-3　　　　　　　　螺栓强度设计值

	螺栓、螺母等级	抗拉（N/mm²）	抗剪（N/mm²）
镀锌粗制螺栓Ca级	4.8	200	170
	6.8	300	240
	8.8	400	300
地脚螺栓	Q235	160	
	Q355	205	
	35号优质碳素钢	190	

注　适用于构件上螺栓端距大于或等于1.5d（d为螺栓直径）。

4.10.4　钻越塔构件连接方式

钻越塔塔身及横担角钢及钢板构件采用螺栓连接，塔脚及局部结构采用焊接。M16、M20螺栓采用6.8级，M24及以上规格螺栓采用8.8级。

4.10.5　铁塔与基础的连接方式

钻越塔塔腿与基础采用地脚螺栓连接方式。具有安全可靠、经济合理和施工便捷等优点，符合国家电网有限公司标准工艺要求。

钻越塔接地孔为2个φ17.5mm的孔，竖排，孔间距50mm，4个腿均设置。位置及高度见图4.10-1。

4.11　其他说明

4.11.1　脚钉安装

转越塔塔身单回路采用一侧主材角钢上安装脚钉方式，双回路采用两侧主材角钢上安装脚钉方式，脚钉统一按400～450mm步长配置。特殊情况下，脚钉间距可以适当调整。脚钉布置图见图4.11-1。

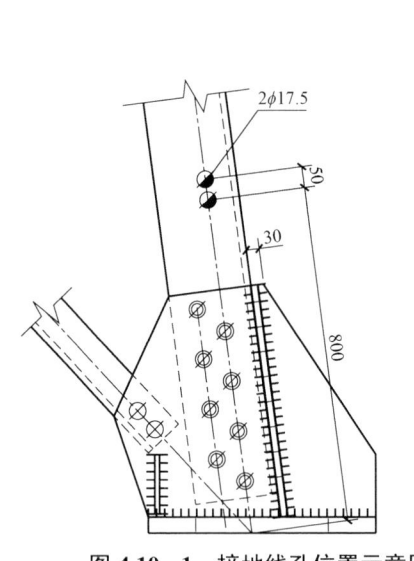

图4.10-1　接地线孔位置示意图　　图4.11-1　脚钉布置图

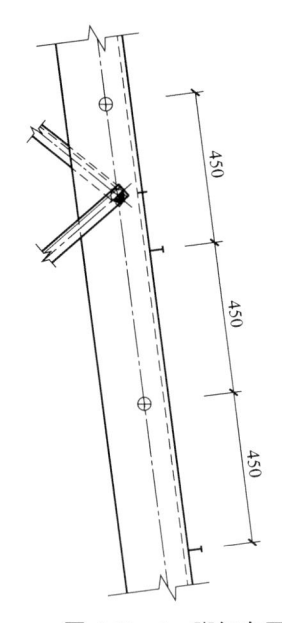

4.11.2　标识牌安装

标识牌、相位牌、警示牌等的安装位置及防盗螺丝的安装高度应结合国家电网有限公司运行等相关规定执行，根据各地工程实际需要处理。但应符合标识牌安装位置的安全、适当、醒目和统一等要求。

第5章 铁塔尺寸及结构优化

铁塔结构及外形优化的总体原则是安全可靠、结构简单、受力均衡、传力清晰、外形美观、经济合理、运维便捷、环境友好、资源节约。

5.1 铁塔优化的主要原则

在铁塔结构的优化设计中，主要遵循以下原则：

（1）结构安全可靠，合理确定边界技术条件，裕度适当。

（2）构件受力均衡，传力清晰，节点处理合理。

（3）构件结构简单，便于加工安装和运行维护。

（4）塔型布局紧凑，外型美观，尽量减少线路钻越高度宽度，节约铁塔占地面积。

（5）选材经济合理，积极应用"新技术、新材料和新工艺"，降低铁塔钢材耗量，确保铁塔整体的技术性和经济性。

5.2 塔头尺寸优化

本标准化设计中钻越塔均采用角钢塔型式，塔头的结构优化是在满足结构安全可靠和电气间隙距离的前提下，依据最新规程规范，以优化铁塔结构型式和减小线路钻越高度、宽度为研究重点，降低钻越塔的耗钢量和工程投资，实现"资源节约"和"环境友好"的铁塔设计目标。

（1）地线保护角的确定。依据 GB 50545—2010 中"对于同塔多回或多回路，110kV 及以上线路的保护角不宜大于 10°"的规定，根据以上导线排列优化结果，本标准化设计地线对中相导线保护角控制在 10°以内。

（2）导线电气间隙圆校验。根据优化后的塔头尺寸进行导线电气三维间隙校验，校验结果满足 GB 50545—2010 相关相求。

5.3 钻越塔结构优化

5.3.1 钻越塔结构优化的主要原则

（1）结构形式简洁，杆件受力明确，结构传力路线清晰。

（2）结构构造简单，节点处理合理，利于加工安装和运行安全。

（3）结构布置紧凑，在满足规范的前提下，尽量压缩塔头尺寸和横担长度，减少铁塔高度和线路走廊宽度。

（4）结构节间划分及构件布置合理，充分发挥构件的承载能力。

（5）选材合理，降低钢材用量，降低工程造价。

5.3.2 钻越塔头部结构的优化

（1）双回路钻越塔头部塔身采用等口布置，避免横担结构尺寸调整。

（2）双回路钻越塔，为压缩塔头高度方向尺寸，优化了地线、导线横担布置的节间距离。同时，地线横担下平面主材和上导线横担上斜面主材与塔身交于一点，共用一个节点板；上导线横担的水平面主材与下导线横担的上斜面主与塔身交于一点，共用一个节点板；优化了塔头尺寸。

（3）横担采用等口设计，有利于共用节点板的结构优化，传力更清晰，结构更简洁。

（4）为确保钻越塔杆件之间的夹角大于 15°，地线横担下平面采用折线布置的型式，满足规范要求。

5.3.3 钻越塔塔身优化

（1）钻越塔塔身采用变坡设计，塔身上段便于横担的布置。双回路适度加大塔身坡度，采用更大的跟开，有利于降低主材的规格，减轻塔重。

（2）通过对塔身不同坡度和跟开多方案的优化组合，通过重量对比，在保证钻越塔强度和刚度的条件下，优化出塔身的最佳坡度。

5.3.4 钻越塔塔身断面形式

考虑钻越塔特殊的塔型及受力特点，塔身断面采用正方形，可以提高断线冲击及防串级倒塔能力。

5.3.5 钻越塔塔身隔面的设置优化

（1）根据铁塔结构设计技术规定的要求，塔身变坡断面、直接受扭力的断面处、塔顶、腿部断面处应设置横隔面。

（2）同一塔身坡度范围内，横隔面的设置间距，一般不大于平均宽度的 5 倍，也不宜大于 4 个主材间隔。

（3）在满足规范要求的前提下，尽量少布置横隔面，减轻塔重。

（4）横隔面的设置应不影响铁塔的正常传力路线，避免塔身交叉材同时受压的发生。

(5)根据本次钻越塔的结构特点,在塔顶、变坡处,塔腿断面、塔身横担处断面设置横隔面。同时由于塔身断面尺寸较小,仅采用简单的断面型式。

5.3.6 钻越塔主材布置及节间优化

(1)钻越塔结构的特殊性,头部塔身采用整段主材布置,不再分段。塔身下段采用2~3段主材分段,受力更合理,塔重更经济。

(2)钻越塔头部塔身,节间高度的布置,由于受横担布置的影响,塔身斜材采用单分式交叉布置和再分式交叉布置型式。

(3)塔身下段斜材采用再分式交叉布置型式,塔腿采用"W"结构型式,避免塔身斜材同时受压,传力更清晰,斜材受力更合理,选材更经济。

第6章 主要技术特点

6.1 安全可靠性高

本标准化设计根据河南省区域的地形特点、气象条件、海拔情况，以输电线路钻越高度受限区域铁塔定位为设计出发点，结合已建线路在防污闪、防冰闪、防雷击等方面的运行经验，通过校验计算，优化铁塔外型尺寸和合理材料选择，以安全可靠、技术先进和经济合理为原则，积极谨慎地选用新型材料，合理确定安全系数、安全裕度，确保铁塔设计安全可靠，具体措施如下：

（1）严格执行最新规程、规范和国家电网有限公司相关文件技术要求，做到依据充分、引用适用、通用适用。

（2）合理确定边界技术条件，确定设计基本风速、导线覆冰厚度、导地线型号、安全系数、档距等设计参数，合理规划塔头布置、合理确定钻越塔挠度和锥度，确保技术安全可靠的同时，最大限度满足塔型的外型美观要求。

（3）综合技术、经济、加工、施工及运行维护等各个环节，积极谨慎地选用新型材料，确保铁塔的全寿命周期设计目标。

（4）采用三避雷线防雷方案，双回路地线对导线的保护角控制在 0°内，导地线线间距离配合经济合理。

（5）结合河南省"十四五"经济社会和电网发展规划，结合本标准化设计按 e 级污秽区进行绝缘配合（要求爬电比距≥3.2cm/kV），确保的标准化设计的适用性和技术性要求。

6.2 适应性好

本标准化设计共包含 4 个子模块 8 种塔型，采用 110kV 输电线路常用的导线型号（2×JL/G1A－240/30、2×JL/G1A－300/40）和典型气象参数，广泛适用海拔 1000m 以内输电线路钻越高度受限区域，标准化设计适应性好。

6.3 铁塔规划合理

根据河南省地形情况，通过调研确定档距，通过分析确定安全系数，提出了铁塔设计档距、计算呼高、塔高系列等合理的方案，同时，钻越塔根据转角度数划分为 0°～40°、40°～90°，使得塔型设计条件更科学、经济、合理。经过计算分析，得出较为经济时的导地线安全系数。

6.4 应用新技术、新材料

本次标准化塔型设计过程中推广采用了近年来成熟适用的新技术成果，经过多次去厂家调研并开会探讨，充分考虑防污闪、防冰闪、防风偏、防雷击、防鸟害等提高运行可靠性措施以及塔段强度综合考虑采用 Q420 高强钢。

6.5 合理优化塔型结构

本标准化设计中对铁塔结构进行全面的优化，主要从横担尺寸、塔头布置、塔段连接方式、基础连接型式等方面进行合理选择并优化，使得标准化设计塔型受力合理，具有更好的可靠性和经济性。

6.6 重视环境保护

全面贯彻落实科学发展观以及国家电网有限公司环境友好型的设计理念，本标准化设计重视环境保护，满足技术安全的前提下进行横担尺寸优化，进一步压缩线路钻越高度宽度及铁塔占地面积，减少房屋拆迁和树木砍伐，社会效益和环保效益显著。

6.7 设计成果

本次编制的标准化设计成果主要分为塔型图集和加工图集两部分，内容涵盖模块说明、塔型一览图、荷载计算、分段加工图。

（1）110kV 输电线路钻越塔标准化设计图集（钻越塔塔型图）。

（2）110kV 输电线路钻越塔标准化设计图集（钻越塔加工图）。

以上两套标准化设计图集应配套对应参照使用。

6.8 提高电网建设和运行质量和效率

本 110kV 钻越塔标准化塔型的研究和应用，在提高设计质量和效率方面主要体现在以下几点：

（1）统一110kV钻越塔塔型设计图纸，能提高设计、评审、采购、设备加工及施工的质量和进度，有效缩短电网建设周期，提高工作效率。

（2）统一建设标准和材料规格，使110kV钻越塔的建造更加便捷高效，能有效提高快速抢修能力。

（3）采用标准化设计成果在确保电网安全运行的同时，可大幅提升电网运行和维护的质量和效率。

（4）本标准化设计成果以资源节约、环境友好、安全可靠、技术先进和经济合理为研究理念，对电网标准化体系建设将发挥积极的推动作用。

第7章 综合效益分析

7.1 影响因素分析

本标准化设计取得较好经济效益，其主要因素如下：

（1）在塔型结构方面，对影响塔型强度的塔身材质、塔段长度等各种因素进行了精心优化，具有良好的经济性。

（2）标准化的塔型品种多，为送电线路工程建设提供了大量可供选择的指标先进的塔型，为设计人员集中精力进行设计方案优化提供了保证。

（3）铁塔规划上比单个工程更完善、合理。

（4）将转角塔的角度划分进行了进一步细化，降低了工程整体造价。

（5）以往110kV钻越塔由各设计单位自行设计，没有形成统一的设计标准，该图集为各设计单位提供了标准化的通用的铁塔标准图集。

7.2 投资效益分析

7.2.1 单基铁塔投资分析

为检验标准化设计塔型的经济先进性，将本标准化设计塔型单基指标与以往设计中所采用的铁塔以及各网省公司技术导则中的铁塔单基指标进行对比分析，高强度钻越塔在线路钻越高度受限条件下经技术经济比较，其具有造价低，占地面积少，节约钻越高度等优势，从而节约铁塔投资，充分体现资源节约型、环境友好型的设计理念。

7.2.2 实际工程铁塔投资分析

为了检验整套塔型设计的经济性，利用以前已经完成施工图设计的实际工程，采用标准化的塔型重新排位，对铁塔耗材和铁塔数量进行分析比较，整个工程的钢材耗量均较原耗量有所下降，综合费用投资相比原设计节省8%。

7.3 社会环保综合效益

标准化的推广使用可以统一电力公司的建设标准，大大节约社会资源、缩短工期、降低造价，并使采购、设计、制造和施工规范化，取得送电线路全寿命周期的效益最大化。

本次标准化采用了多种手段压缩线路钻越高度，节省线路钻越高度资源，为了未来经济的可持续发展，相比之前采用的常规角钢塔，减少了铁塔占地，减少停电时间。

因此随着标准化的推广应用，将会产生巨大的社会效益和环保效益。

第8章 标准化设计使用总体说明

8.1 标准化设计文件

本标准化设计中，主要设计内容包括设计说明、塔型使用条件、塔型一览图、荷载计算、塔型单线图、基础作用力、分段加工图等相关资料，在具体的工程设计中，可根据实际需要有选择地使用。

该标准化设计成果可用于基本风速27m/s（10m基准高）、覆冰厚度10mm、海拔低于1000m的平原地区钻越高度受限区域内110kV线路的可行性研究、初步设计、施工图设计阶段。具体工程设计时，需要结合工程实际情况，选择经济、合理的塔型。

8.2 塔型选用说明

根据实际工程所处气象条件、海拔、地形情况，以及所选用导地线的规格、回路数等设计参数，在确保不超条件使用的基础上，选择相应模块塔型。

需要核对的设计参数有：

（1）实际工程所处的气象条件、海拔、地形情况等。

（2）导地线型号及安全系数、水平档距、垂直档距、转角度数。

（3）绝缘配置是否满足工程实际绝缘配置及串长要求。

（4）塔头间隙校验。

（5）铁塔荷载校验。

（6）施工架线方式。

（7）串长、挂线金具型式和挂孔是否匹配。

（8）中相跳线串需要采用绕跳，且钢管长度不小于5m。

（9）其他因素。

8.3 塔型选型原则及注意事项

（1）《110kV输电线路钻越塔标准化设计图集　钻越塔塔型图》《110kV输电线路钻越塔标准化设计图集　钻越塔加工图》两套图集应配套对应参照使用。

（2）结合工程具体情况，选择经济、合理的塔型模块。

（3）在具体工程设计中，根据实际技术条件，选择符合技术边界条件的相关塔型。

（4）当标准化设计塔型中没有完全匹配使用条件的模块时，可按就近的原则并经校验后代用，或选用标准图集以外的其他铁塔型式。

（5）严禁未经验算或超条件使用本标准化设计塔型。

第9章 单回路钻越塔子模块

9.1 单回路钻越塔子模块设计

按照设计要求，该模块为海拔 1000m 以下的平丘地区，基本风速 27m/s，导线为 2×JL/G1A－240/30、2×JL/G1A－300/40，地线为 JLB20A－100 的单回路角钢塔。单回路钻越塔子模块塔头呈酒杯型布置，本模块共包含有 110-EC21D-JZY、110-FC21D-JZY 两种钻越塔型，塔型一览图如图 9.1-1 所示。

110-EC21D-JZY1（0°～40°）　　　110-EC21D-JZY2（40°～90°）　　　110-FC21D-JZY1（0°～40°）　　　110-FC21D-JZY2（40°～90°）

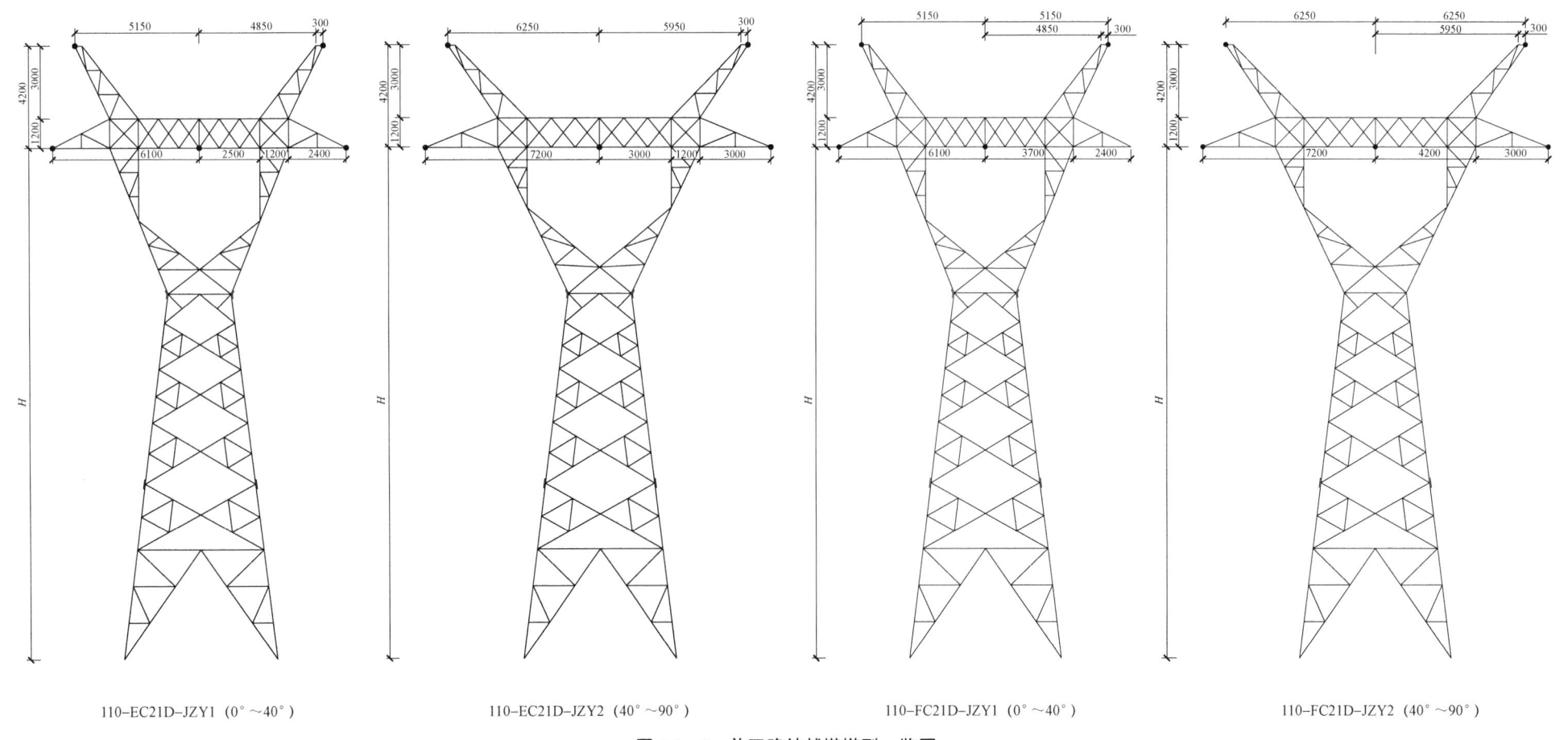

图 9.1-1　单回路钻越塔塔型一览图

9.2 单回路钻越塔子模块说明

（1）该模块为海拔 1000m 以内、基本风速 27m/s（10m 基准高）、覆冰厚度 10mm，导线 2×JL/G1A-240/30、2×JL/G1A-300/40 的单回路钻越塔，地线采用 JLB20A-100。该模块适用于单回路塔型。该子模块共计 4 种塔型。

（2）单回路钻越塔子模块的气象条件、铁塔设计条件、铁塔塔重及基础作用力分别见表 9.2-1～表 9.2-3。

表 9.2-1　　　　单回路钻越塔子模块的气象条件

项目	气温（℃）	风速（m/s）	覆冰厚度（mm）
最高温度	40	0	0
最低温度	-20	0	0
覆冰	-5	10	10
最大风速	-5	27	0
安装情况	-10	10	0
年平均气温	15	0	0
雷电过电压	15	10	0
操作过电压	15	15	0
带电作业	15	10	0

表 9.2-2　　　　单回路钻越塔子模块的铁塔设计条件

塔型	呼高范围（m）	水平档距（m）	垂直档距（m）	允许转角（°）
110-EC21D-JZY1	9～21	300	400	0～40
110-EC21D-JZY2	9～21	300	400	40～90
110-FC21D-JZY1	9～21	300	400	0～40
110-FC21D-JZY2	9～21	300	400	40～90

表 9.2-3　　　　单回路钻越塔子模块的铁塔塔重及基础作用力

塔型	允许转角（°）	塔型质量范围（kg）	基础作用力范围				
			T_{max}	T_x	T_y	N_{max}	N_x	N_y
110-EC21D-JZY1	0～40	6941.8～11241.91	472～519	83～95	78～96	547～635	95～106	89～103
110-EC21D-JZY2	40～90	8384.9～12684.8	820～932	134～135	114～119	902～1039	146～148	123～130

续表 9.2-3

塔型	允许转角（°）	塔型质量范围（kg）	基础作用力范围					
			T_{max}	T_x	T_y	N_{max}	N_x	N_y
110-FC21D-JZY1	0～40	7451.7～12084.2	536～592	95～108	90～109	610～688	110～121	101～116
110-FC21D-JZY2	40～90	9071.5～13704.0	933～1077	155～156	130～135	1022～1187	168～170	140～149

9.3　110-EC21D-JZY 单回路钻越塔

9.3.1　110-EC21D-JZY1 设计条件（见表 9.3-1～表 9.3-3）

表 9.3-1　　　　导地线型号及张力取值

基本参数	型号	最大使用张力（N）	断线不平衡张力取值（%）	覆冰不平衡张力取值（%）
导线	2×JL/G1A-240/30	2×28572	70	30
地线	JLB20A-100	33800	100	40

表 9.3-2　　　　塔　型　使　用　条　件

使用条件	水平档距（m）	垂直档距（m）	代表档距（m）	转角度数（°）	计算呼高（m）	K_V 系数
数值	300	400	150/300	0～40	21	—

表 9.3-3　　　　荷　载　一　览　表　　　　（N）

项目		正常运行情况		事故情况		安装情况	不均匀覆冰
		基本风速	覆冰	最低气温	未断线	断线		
t（℃）/v（m/s）/b（mm）		-5/27/0	-5/10/10	-20/0/0	-5/0/10	-5/0/10	-10/10/0	-5/10/10
水平荷载	导线	7698	2440	0	0	0	1056	2440
	绝缘子及金具	262	43	0	0	0	36	43
	跳线串	0	0	0	0	0	0	0
	地线	2693	1466	0	0	0	369	1466

续表9.3-3

项目		正常运行情况			事故情况		安装情况	不均匀覆冰
		基本风速	覆冰	最低气温	未断线	断线		
垂直荷载	导线	7223	14233	7223	14233	14233	7223	14233
	绝缘子及金具	1431	1645	1431	1645	1645	1431	1645
	跳线串	0	0	0	0	0	0	0
	地线	2654	7313	2654	7313	7313	2654	7313
张力	导线 一侧	48276	54441	53977	40001	0	54043	—
	另一侧	44952	57144	39900	40001	40001	40118	—
	张力差	3324	2703	14078	0	40001	13925	17143
	地线 一侧	31369	34439	33800	33800	0	33808	—
	另一侧	29949	38440	30622	33800	33800	30656	—
	张力差	1419	4001	3178	0	33800	3152	13520

9.3.2 110－EC21D－JZY2 设计条件（见表9.3－4～表9.3－6）

表9.3－4　　　　　导地线型号及张力取值

基本参数	型号	最大使用张力（N）	断线不平衡张力取值（%）	覆冰不平衡张力取值（%）
导线	2×JL/G1A－240/30	2×28572	70	30
地线	JLB20A－100	33800	100	40

表9.3－5　　　　　塔型使用条件

使用条件	水平档距（m）	垂直档距（m）	代表档距（m）	转角度数（°）	计算呼高（m）	K_V系数
数值	300	400	150/300	40～90	21	—

表9.3－6　　　　　荷载一览表　　　　　（N）

项目		正常运行情况			事故情况		安装情况	不均匀覆冰
		基本风速	覆冰	最低气温	未断线	断线		
	t（℃）/v（m/s）/b（mm）	－5/27/0	－5/10/10	－20/0/0	－5/0/10	－5/0/10	－10/0/0	－5/10/10
水平荷载	导线	7698	2440	0	0	0	1056	2440
	绝缘子及金具	262	43	0	0	0	36	43
	跳线串	0	0	0	0	0	0	0
	地线	2693	1466	0	0	0	369	1466
垂直荷载	导线	7223	14233	7223	14233	14233	7223	14233
	绝缘子及金具	1431	1645	1431	1645	1645	1431	1645
	跳线串	0	0	0	0	0	0	0
	地线	2654	7313	2654	7313	7313	2654	7313
张力	导线 一侧	48276	54441	53977	40001	0	54043	—
	另一侧	44952	57144	39900	40001	40001	40118	—
	张力差	3324	2703	14078	0	40001	13925	17143
	地线 一侧	31369	34439	33800	33800	0	33808	—
	另一侧	29949	38440	30622	33800	33800	30656	—
	张力差	1419	4001	3178	0	33800	3152	13520

9.3.3 110-EC21D-JZY1 设计参数及单线图（见图 9.3-1 和表 9.3-7、表 9.3-8）

表 9.3-7　　　　设计参数一览表

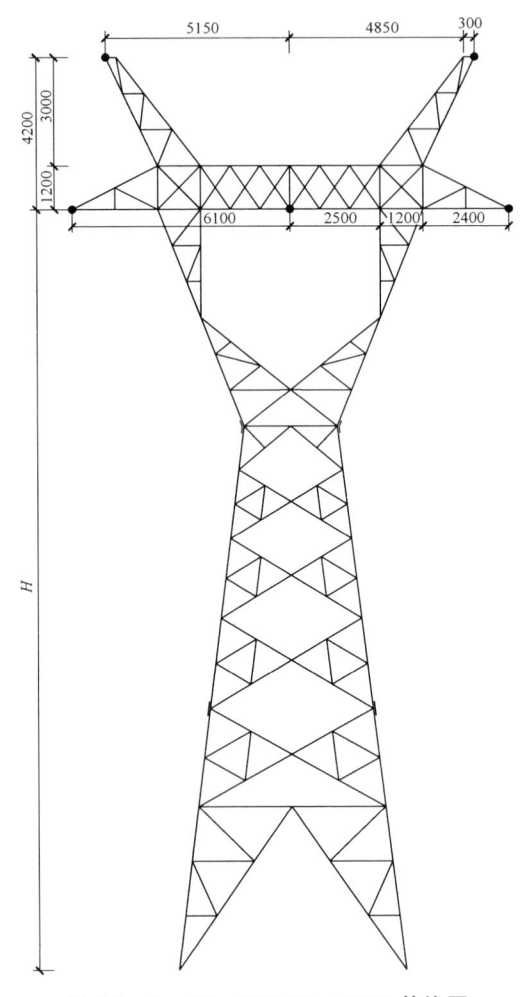

序号	编码	呼高（m）	全高（m）	根开（mm）	总质量（kg）
1	110-EC21D-JZY-9	9	13.2	3350	6941.8
2	110-EC21D-JZY-12	12	16.2	4090	8059.5
3	110-EC21D-JZY-15	15	19.2	4840	9210.2
4	110-EC21D-JZY-18	18	22.2	5590	10026.1
5	110-EC21D-JZY-21	21	25.2	6340	11241.9

表 9.3-8　　　　基础作用力　　　　（kN）

呼高（m）	T_{max}	T_x	T_y	N_{max}	N_x	N_y
9	471.54	82.58	78.30	546.79	95.21	88.50
12	482.81	85.23	80.62	578.91	97.24	89.87
15	498.39	87.70	83.78	602.60	99.78	92.67
18	510.79	91.14	88.49	619.35	102.84	96.42
21	518.58	94.94	96.36	634.64	106.22	103.04

图 9.3-1　110-EC21D-JZY1 单线图

9.3.4 110-EC21D-JZY2 设计参数及单线图(见图 9.3-2 和表 9.3-9、表 9.3-10)

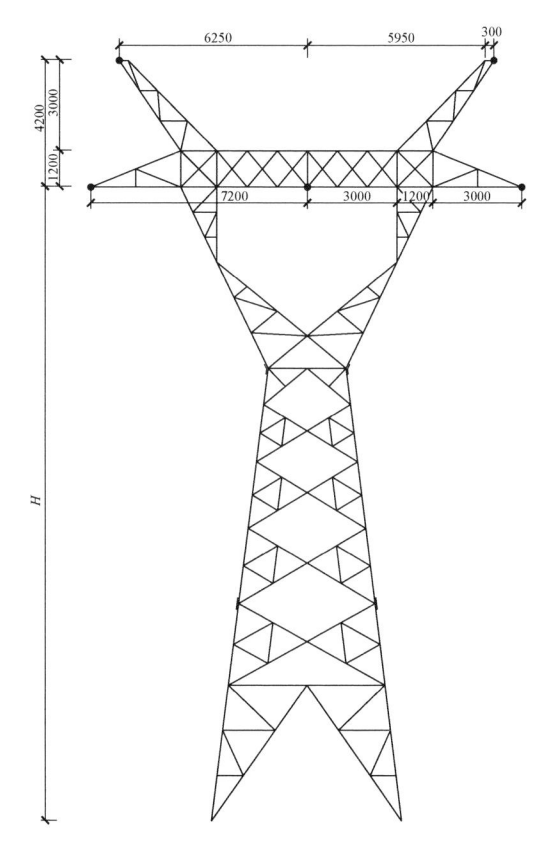

图 9.3-2　110-EC21D-JZY2 单线图

表 9.3-9　设计参数一览表

序号	编码	呼高（m）	全高（m）	根开（mm）	总质量（kg）
1	110-EC21D-JZY-9	9	13.2	3350	8384.9
2	110-EC21D-JZY-12	12	16.2	4090	9502.6
3	110-EC21D-JZY-15	15	19.2	4840	10653.4
4	110-EC21D-JZY-18	18	22.2	5590	11669.2
5	110-EC21D-JZY-21	21	25.2	6340	12684.8

表 9.3-10　基础作用力　（kN）

呼高（m）	T_{max}	T_x	T_y	N_{max}	N_x	N_y
9	820.43	134.25	114.21	902.62	146.23	123.97
12	864.55	134.48	115.47	954.11	146.77	123.98
15	894.50	134.57	116.94	990.68	147.15	124.53
18	916.98	134.82	117.45	1017.21	147.82	127.35
21	932.33	135.06	119.06	1039.99	148.37	130.34

9.4　110-FC21D-JZY 单回路钻越塔

9.4.1　110-FC21D-JZY1 设计条件（见表 9.4-1～表 9.4-3）

表 9.4-1　导地线型号及张力取值

基本参数	型号	最大使用张力（N）	断线不平衡张力取值（%）	覆冰不平衡张力取值（%）
导线	2×JL/G1A-300/40	2×35097	70	30
地线	JLB20A-100	33800	100	40

表 9.4-2　塔型使用条件

使用条件	水平档距（m）	垂直档距（m）	代表档距（m）	转角度数（°）	计算呼高（m）	K_V 系数
数值	300	400	150/300	0～40	21	—

表 9.4-3　荷载一览表　（N）

项目		正常运行情况			事故情况		安装情况	不均匀覆冰
		基本风速	覆冰	最低气温	未断线	断线		
	t（℃）/v（m/s）/b（mm）	−5/27/0	−5/10/10	−20/0/0	−5/10/10	−5/10/10	−10/10/0	−5/10/10
水平荷载	导线	8518	2575	0	0	0	1168	2575
	绝缘子及金具	262	43	0	0	0	36	43
	跳线串	0	0	0	0	0	0	0
	地线	2693	1466	0	0	0	369	1466

续表 9.4-3

项目		正常运行情况			事故情况		安装情况	不均匀覆冰
		基本风速	覆冰	最低气温	未断线	断线		
垂直荷载	导线	8873	16393	8873	16393	16393	8873	16393
	绝缘子及金具	1431	1645	1431	1645	1645	1431	1645
	跳线串	0	0	0	0	0	0	0
	地线	2654	7313	2654	7313	7313	2654	7313
张力	导线 一侧	58457	65247	66304	49136	0	74936	—
	另一侧	56519	70194	52852	49136	49136	57696	—
	张力差	1939	4946	13452	0	49136	17240	21058
	地线 一侧	31369	34439	33800	33800	0	33808	—
	另一侧	29949	38440	30622	33800	33800	30656	—
	张力差	1419	4001	3178	0	33800	3152	13520

9.4.2 110-FC21D-JZY2 设计条件（见表9.4-4～表9.4-6）

表 9.4-4　　　　导地线型号及张力取值

基本参数	型号	最大使用张力（N）	断线不平衡张力取值（%）	覆冰不平衡张力取值（%）
导线	2×JL/G1A-300/40	2×35097	70	30
地线	JLB20A-100	33800	100	40

表 9.4-5　　　　塔型使用条件

使用条件	水平档距（m）	垂直档距（m）	代表档距（m）	转角度数（°）	计算呼高（m）	K_V 系数
数值	300	400	150/300	40～90	21	—

表 9.4-6　　　　荷 载 一 览 表　　　　（N）

项目		正常运行情况			事故情况		安装情况	不均匀覆冰
		基本风速	覆冰	最低气温	未断线	断线		
	t（℃）/v（m/s）/b（mm）	-5/27/0	-5/10/10	-20/0/0	-5/0/10	-5/0/10	-10/10/0	-5/10/10
水平荷载	导线	8518	2575	0	0	0	1168	2575
	绝缘子及金具	262	43	0	0	0	36	43
	跳线串	0	0	0	0	0	0	0
	地线	2693	1466	0	0	0	369	1466
垂直荷载	导线	8873	16393	8873	16393	16393	8873	16393
	绝缘子及金具	1431	1645	1431	1645	1645	1431	1645
	跳线串	0	0	0	0	0	0	0
	地线	2654	7313	2654	7313	7313	2654	7313
张力	导线 一侧	58457	65247	66304	49136	0	74936	—
	另一侧	56519	70194	52852	49136	49136	57696	—
	张力差	1939	4946	13452	0	49136	17240	21058
	地线 一侧	31369	34439	33800	33800	0	33808	—
	另一侧	29949	38440	30622	33800	33800	30656	—
	张力差	1419	4001	3178	0	33800	3152	13520

9.4.3 110-FC21D-JZY1 设计参数及单线图（见图 9.4-1 和表 9.4-7、表 9.4-8）

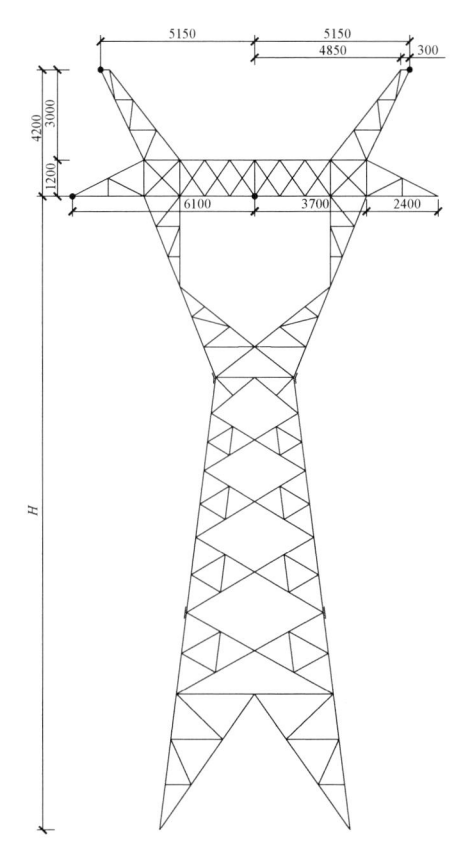

表 9.4-7　　　　　　设 计 参 数 一 览 表

序号	编码	呼高 (m)	全高 (m)	根开 (mm)	总质量 (kg)
1	110-FC21D-JZY-9	9	13.2	3360	7451.7
2	110-FC21D-JZY-12	12	16.2	4100	8672.3
3	110-FC21D-JZY-15	15	19.2	4830	9855.2
4	110-FC21D-JZY-18	18	22.2	5580	10987.4
5	110-FC21D-JZY-21	21	25.2	6330	12084.2

表 9.4-8　　　　　　基 础 作 用 力　　　　　　（kN）

呼高 (m)	T_{max}	T_x	T_y	N_{max}	N_x	N_y
9	535.57	94.63	90.07	610.09	108.48	100.88
12	546.69	97.34	92.69	628.11	110.57	102.47
15	566.51	99.87	96.20	654.05	113.23	105.58
18	582.25	104.16	100.64	671.38	117.21	108.98
21	591.89	108.11	109.31	687.99	120.73	116.17

图 9.4-1　110-FC21D-JZY1 单线图

9.4.4 110-FC21D-JZY2 设计参数及单线图（见图 9.4-2 和表 9.4-9、表 9.4-10）

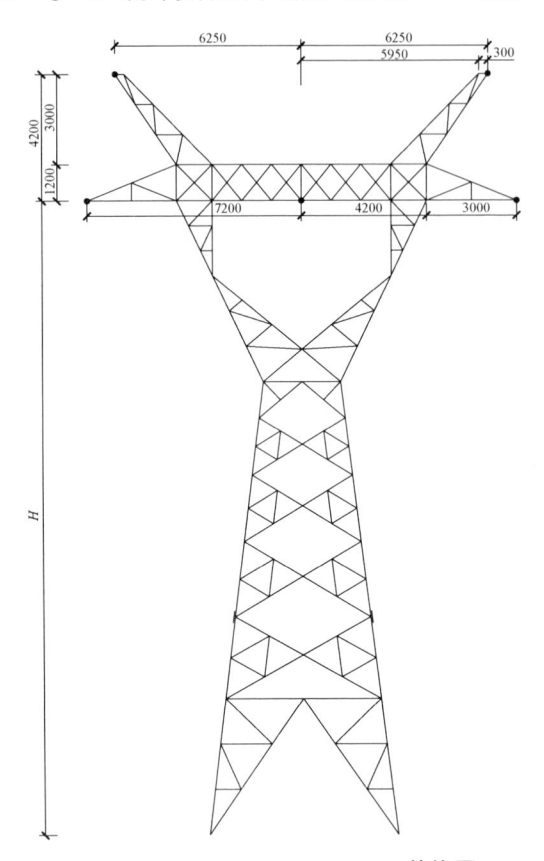

图 9.4-2　110-FC21D-JZY2 单线图

表 9.4-9　　　　　　　设 计 参 数 一 览 表

序号	编码	呼高（m）	全高（m）	根开（mm）	总质量（kg）
1	110-FC21D-JZY-9	9	13.2	3360	9071.5
2	110-FC21D-JZY-12	12	16.2	4100	10292.0
3	110-FC21D-JZY-15	15	19.2	4830	11474.9
4	110-FC21D-JZY-18	18	22.2	5580	12607.1
5	110-FC21D-JZY-21	21	25.2	6330	13704.0

表 9.4-10　　　　　　　基 础 作 用 力　　　　　　　（kN）

呼高（m）	T_{max}	T_x	T_y	N_{max}	N_x	N_y
9	932.67	155.16	130.20	1021.82	168.26	139.90
12	986.43	155.42	132.70	1084.14	168.85	140.00
15	1023.21	155.55	132.84	1128.13	169.27	141.33
18	1050.59	155.81	134.56	1160.24	170.00	145.39
21	1069.61	156.12	135.08	1187.37	170.22	148.90

第 10 章 双回路钻越塔子模块

10.1 双回路钻越塔子模块设计

按照设计要求，该模块为海拔 1000m 以下的平丘地区，基本风速 27m/s，导线为 2×JL/G1A－240/30、2×JL/G1A－300/40，地线为 JLB20A－100 的双回路角钢塔。双回路钻越塔子模块塔头呈蝶形布置，本模块共包含有 110－EC21S－JZY、110－FC21S－JZY 两种钻越塔型，塔型一览图如图 10.1－1 所示。

110－EC21S－JZY1（0°～40°）　　　110－EC21S－JZY2（40°～90°）　　　110－FC21S－JZY1（0°～40°）　　　110－FC21S－JZY2（40°～90°）

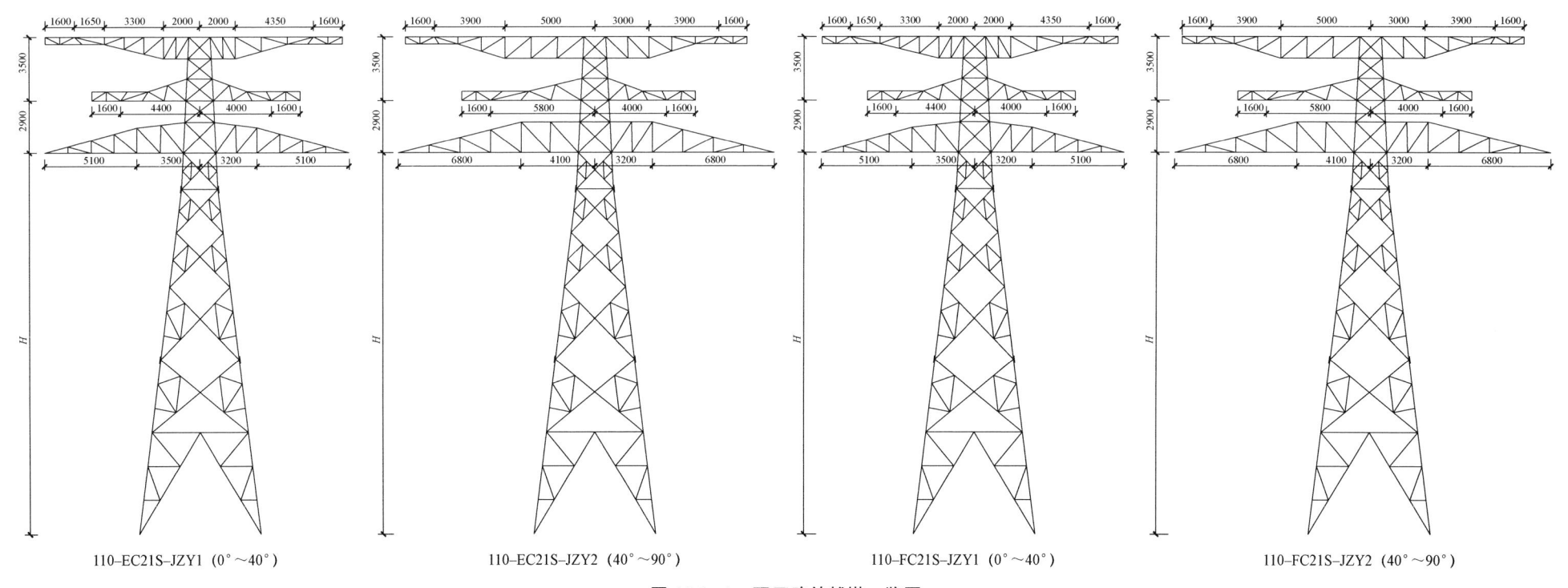

图 10.1－1　双回路钻越塔一览图

10.2 双回路钻越塔子模块说明

（1）该模块为海拔 1000m 以内、基本风速 27m/s（10m 基准高）、覆冰厚度 10mm，导线 2×JL/G1A-240/30、2×JL/G1A-300/40 的双回路钻越塔，地线采用 JLB20A-100。该模块适用于双回路塔型。该子模块共计 4 种塔型。

（2）双回路钻越塔子模块的气象条件、铁塔设计条件、铁塔塔重及基础作用力分别见表 10.2-1～表 10.2-3。

表 10.2-1　　　　双回路钻越塔子模块的气象条件

项目	气温（℃）	风速（m/s）	覆冰厚度（mm）
最高温度	40	0	0
最低温度	-20	0	0
覆冰	-5	10	10
最大风速	-5	27	0
安装情况	-10	10	0
年平均气温	15	0	0
雷电过电压	15	10	0
操作过电压	15	15	0
带电作业	15	10	0

表 10.2-2　　　　双回路钻越塔子模块的铁塔设计条件

塔型	呼高范围（m）	水平档距（m）	垂直档距（m）	允许转角（°）
110-EC21S-JZY1	9～21	300	400	0～40
110-EC21S-JZY2	9～21	300	400	40～90
110-FC21S-JZY1	9～21	300	400	0～40
110-FC21S-JZY2	9～21	300	400	40～90

表 10.2-3　　双回路钻越塔子模块的铁塔塔重及基础作用力

塔型	允许转角（°）	塔型质量范围（kg）	基础作用力范围					
			T_{max}	T_x	T_y	N_{max}	N_x	N_y
110-EC21S-JZY1	0～40	13652.9～18780.3	724～851	124～147	133～156	910～1048	157～180	135～156
110-EC21S-JZY2	40～90	14690.6～19818.0	1273～1499	225～227	183～203	1429～1690	250～259	199～212
110-FC21S-JZY1	0～40	15758.5～21866.9	851～1008	146～171	160～191	1068～1243	189～222	161～189
110-FC21S-JZY2	40～90	16740.7～22849.1	1500～1775	268～270	217～242	1653～1967	292～300	231～246

10.3　110-EC21S-JZY 双回路钻越塔

10.3.1　110-EC21S-JZY1 设计条件（见表 10.3-1～表 10.3-3）

表 10.3-1　　　　导地线型号及张力取值

基本参数	型号	最大使用张力（N）	断线不平衡张力取值（%）	覆冰不平衡张力取值（%）
导线	2×JL/G1A-240/30	2×28572	70	30
地线	JLB20A-100	33800	100	40

表 10.3-2　　　　塔　型　使　用　条　件

使用条件	水平档距（m）	垂直档距（m）	代表档距（m）	转角度数（°）	计算呼高（m）	K_V 系数
数值	300	400	150/300	0～40	21	—

表 10.3-3　　　　　　　　　　荷 载 一 览 表　　　　　　　　　　（N）

项目		正常运行情况			事故情况		安装情况	不均匀覆冰
		基本风速	覆冰	最低气温	未断线	断线		
$t(℃)/v(m/s)/b(mm)$		-5/27/0	-5/10/10	-20/0/0	-5/0/10	-5/0/10	-10/10/0	-5/10/10
水平荷载	导线	7698	2440	0	0	0	1056	2440
	绝缘子及金具	262	43	0	0	0	36	43
	跳线串	0	0	0	0	0	0	0
	地线	2760	1503	0	0	0	379	1503
垂直荷载	导线	7223	14233	7223	14233	14233	7223	14233
	绝缘子及金具	1431	1645	1431	1645	1645	1431	1645
	跳线串	0	0	0	0	0	0	0
	地线	2654	7313	2654	7313	7313	2654	7313
张力	导线 一侧	48276	54441	53977	40001	0	61015	—
	导线 另一侧	44952	57144	39900	40001	40001	43436	—
	导线 张力差	3324	2703	14078	0	40001	17579	17143
	地线 一侧	31369	34439	33800	33800	0	33808	—
	地线 另一侧	29949	38440	30622	33800	33800	30656	—
	地线 张力差	1419	4001	3178	0	33800	3152	13520

10.3.2　110-EC21S-JZY2 设计条件（见表 10.3-4～表 10.3-6）

表 10.3-4　　　　　　　　　　导地线型号及张力取值

基本参数	型号	最大使用张力（N）	断线不平衡张力取值（%）	覆冰不平衡张力取值（%）
导线	2×JL/G1A-240/30	2×28572	70	30
地线	JLB20A-100	33800	100	40

表 10.3-5　　　　　　　　　　塔 型 使 用 条 件

使用条件	水平档距（m）	垂直档距（m）	代表档距（m）	转角度数（°）	计算呼高（m）	K_V系数
数值	300	400	150/300	40～90	21	—

表 10.3-6　　　　　　　　　　荷 载 一 览 表　　　　　　　　　　（N）

项目		正常运行情况			事故情况		安装情况	不均匀覆冰
		基本风速	覆冰	最低气温	未断线	断线		
$t(℃)/v(m/s)/b(mm)$		-5/27/0	-5/10/10	-20/0/0	-5/0/10	-5/0/10	-10/10/0	-5/10/10
水平荷载	导线	7698	2440	0	0	0	1056	2440
	绝缘子及金具	262	43	0	0	0	36	43
	跳线串	0	0	0	0	0	0	0
	地线	2760	1503	0	0	0	379	1503
垂直荷载	导线	7223	14233	7223	14233	14233	7223	14233
	绝缘子及金具	1431	1645	1431	1645	1645	1431	1645
	跳线串	0	0	0	0	0	0	0
	地线	2654	7313	2654	7313	7313	2654	7313
张力	导线 一侧	48276	54441	53977	40001	0	61015	—
	导线 另一侧	44952	57144	39900	40001	40001	43436	—
	导线 张力差	3324	2703	14078	0	40001	17579	17143
	地线 一侧	31369	34439	33800	33800	0	33808	—
	地线 另一侧	29949	38440	30622	33800	33800	30656	—
	地线 张力差	1419	4001	3178	0	33800	3152	13520

10.3.3 110-EC21S-JZY1设计参数及单线图(见图10.3-1和表10.3-7、表10.3-8)

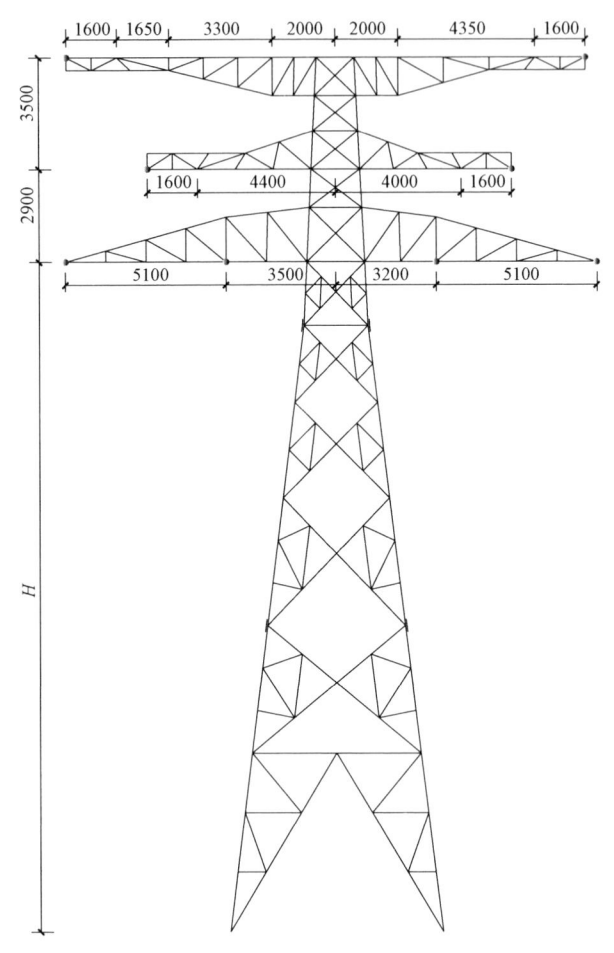

图 10.3-1 110-EC21S-JZY1 单线图

表 10.3-7 设 计 参 数 一 览 表

序号	编码	呼高 (m)	全高 (m)	根开 (mm)	总质量 (kg)
1	110-EC21S-JZY-9	9	15.4	3790	13652.9
2	110-EC21S-JZY-12	12	18.4	4540	14993.4
3	110-EC21S-JZY-15	15	21.4	5270	16171.4
4	110-EC21S-JZY-18	18	24.4	6020	17511.9
5	110-EC21S-JZY-21	21	27.4	6770	18780.3

表 10.3-8 基 础 作 用 力 (kN)

呼高 (m)	T_{max}	T_x	T_y	N_{max}	N_x	N_y
9	723.86	124.29	133.25	910.14	156.69	135.43
12	773.00	127.36	136.33	957.66	159.30	135.66
15	807.74	131.36	139.42	993.27	159.80	137.08
18	832.81	138.03	147.12	1022.86	167.47	144.65
21	851.39	146.88	155.95	1047.97	179.86	156.49

10.3.4 110-EC21S-JZY2 设计参数及单线图（见图 10.3-2 和表 10.3-9、表 10.3-10）

表 10.3-9　　　　　设 计 参 数 一 览 表

序号	编码	呼高 (m)	全高 (m)	根开 (mm)	总质量 (kg)
1	110-EC21S-JZY-9	9	15.4	3790	14690.6
2	110-EC21S-JZY-12	12	18.4	4540	16031.1
3	110-EC21S-JZY-15	15	21.4	5270	17209.1
4	110-EC21S-JZY-18	18	24.4	6020	18549.6
5	110-EC21S-JZY-21	21	27.4	6770	19818.0

表 10.3-10　　　　　基 础 作 用 力　　　　　（kN）

呼高（m）	T_{max}	T_x	T_y	N_{max}	N_x	N_y
9	1272.88	225.30	183.40	1428.81	249.66	199.27
12	1358.77	225.73	189.29	1523.61	250.13	205.54
15	1419.90	226.08	191.46	1592.84	250.86	208.93
18	1465.35	226.48	192.94	1646.10	251.03	210.13
21	1499.44	226.78	203.12	1689.84	258.96	211.56

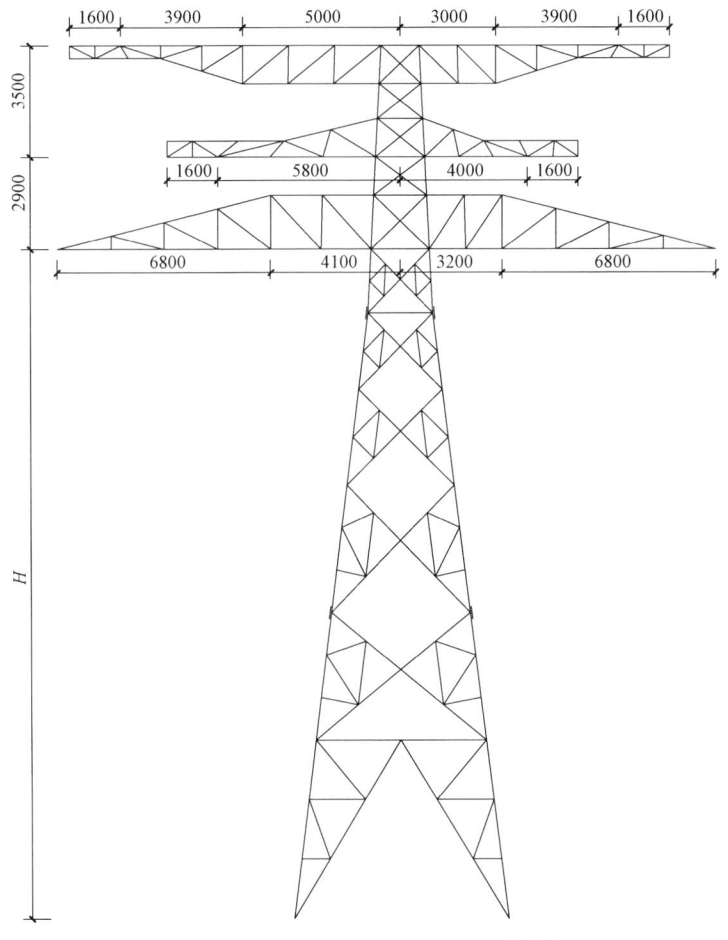

图 10.3-2　110-EC21S-JZY2 单线图

10.4　110-FC21S-JZY 双回路钻越塔

10.4.1　110-FC21S-JZY1 设计条件（见表 10.4-1～表 10.4-3）

表 10.4-1　　　　　导地线型号及张力取值

基本参数	型号	最大使用张力 (N)	断线不平衡张力取值 (%)	覆冰不平衡张力取值 (%)
导线	2×JL/G1A-300/40	2×35097	70	30
地线	JLB20A-100	33800	100	40

表 10.4-2　　　　　塔型使用条件

使用条件	水平档距 (m)	垂直档距 (m)	代表档距 (m)	转角度数 (°)	计算呼高 (m)	K_V 系数
数值	300	400	150/300	0～40	21	—

表 10.4-3　　　　　　　　　　荷载一览表　　　　　　　　　　（N）

项目		正常运行情况			事故情况		安装情况	不均匀覆冰
		基本风速	覆冰	最低气温	未断线	断线		
t（℃）/v（m/s）/b（mm）		−5/27/0	−5/10/10	−20/0/0	−5/0/10	−5/0/10	−10/10/0	−5/10/10
水平荷载	导线	8518	2575	0	0	0	1168	2575
	绝缘子及金具	262	43	0	0	0	36	43
	跳线串	0	0	0	0	0	0	0
	地线	2760	1503	0	0	0	379	1503
垂直荷载	导线	8873	16393	8873	16393	16393	8873	16393
	绝缘子及金具	1431	1645	1431	1645	1645	1431	1645
	跳线串	0	0	0	0	0	0	0
	地线	2654	7313	2654	7313	7313	2654	7313
张力	导线 一侧	58457	65247	66303	49136	0	74936	—
	导线 另一侧	56519	70194	52852	49136	49136	57696	—
	导线 张力差	1939	4946	13452	0	49136	17240	21058
	地线 一侧	31369	34439	33800	33800	0	33808	—
	地线 另一侧	29949	38440	30622	33800	33800	30656	—
	地线 张力差	1419	4001	3178	0	33800	3152	13520

10.4.2　110-FC21S-JZY2 设计条件（见表 10.4-4～表 10.4-6）

表 10.4-4　　　　　　　导地线型号及张力取值

基本参数	型号	最大使用张力（N）	断线不平衡张力取值（％）	覆冰不平衡张力取值（％）
导线	2×JL/G1A-300/40	2×35097	70	30
地线	JLB20A-100	33800	100	40

表 10.4-5　　　　　　　　　塔型使用条件

使用条件	水平档距（m）	垂直档距（m）	代表档距（m）	转角度数（°）	计算呼高（m）	K_V 系数
数值	300	400	150/300	40～90	21	—

表 10.4-6　　　　　　　　　　荷载一览表　　　　　　　　　　（N）

项目		正常运行情况			事故情况		安装情况	不均匀覆冰
		基本风速	覆冰	最低气温	未断线	断线		
t（℃）/v（m/s）/b（mm）		−5/27/0	−5/10/10	−20/0/0	−5/0/10	−5/0/10	−10/10/0	−5/10/10
水平荷载	导线	8518	2575	0	0	0	1168	2575
	绝缘子及金具	262	43	0	0	0	36	43
	跳线串	0	0	0	0	0	0	0
	地线	2760	1503	0	0	0	379	1503
垂直荷载	导线	8873	16393	8873	16393	16393	8873	16393
	绝缘子及金具	1431	1645	1431	1645	1645	1431	1645
	跳线串	0	0	0	0	0	0	0
	地线	2654	7313	2654	7313	7313	2654	7313
张力	导线 一侧	58457	65247	66303	49136	0	74936	—
	导线 另一侧	56519	70194	52852	49136	49136	57696	—
	导线 张力差	1939	4946	13452	0	49136	17240	21058
	地线 一侧	31369	34439	33800	33800	0	33808	—
	地线 另一侧	29949	38440	30622	33800	33800	30656	—
	地线 张力差	1419	4001	3178	0	33800	3152	13520

10.4.3 110-FC21S-JZY1 设计参数及单线图（见图10.4-1和表10.4-7、表10.4-8）

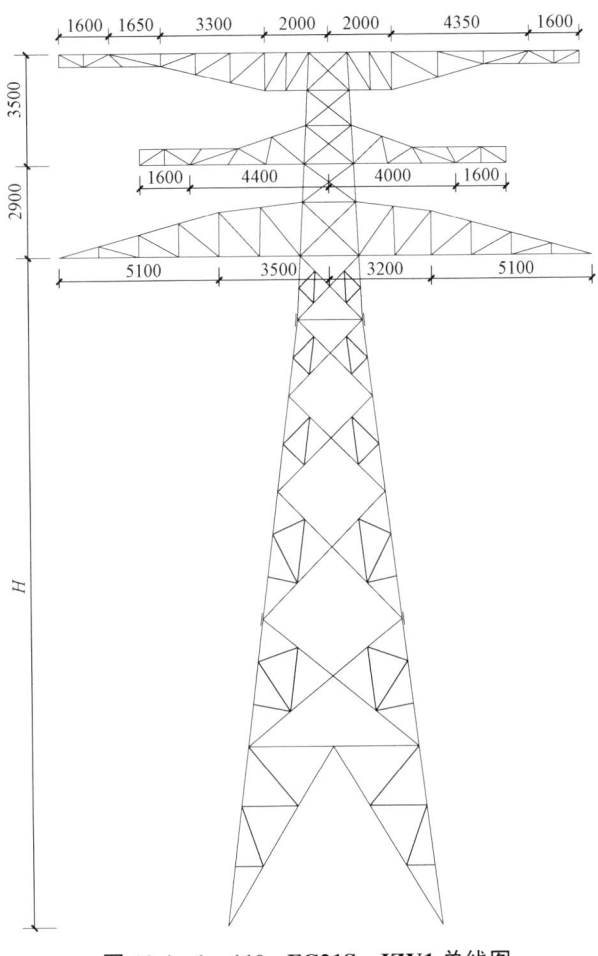

表10.4-7　　　　　设 计 参 数 一 览 表

序号	编码	呼高（m）	全高（m）	根开（mm）	总质量（kg）
1	110-FC21S-JZY-9	9	15.4	3790	15758.5
2	110-FC21S-JZY-12	12	18.4	4540	16933.0
3	110-FC21S-JZY-15	15	21.4	5290	18716.5
4	110-FC21S-JZY-18	18	24.4	6040	20427.1
5	110-FC21S-JZY-21	21	27.4	6790	21866.9

表10.4-8　　　　　基 础 作 用 力　　　　　（kN）

呼高（m）	T_{max}	T_x	T_y	N_{max}	N_x	N_y
9	851.29	145.53	160.24	1068.19	189.05	160.95
12	911.59	149.05	164.84	1128.17	193.43	161.76
15	953.93	153.07	168.49	1175.12	194.16	163.21
18	984.95	160.36	178.24	1212.21	204.12	172.52
21	1007.68	170.84	191.23	1242.92	222.16	188.80

图10.4-1　110-FC21S-JZY1单线图

10.4.4 110-FC21S-JZY2 设计参数及单线图（见图 10.4-2 和表 10.4-9、表 10.4-10）

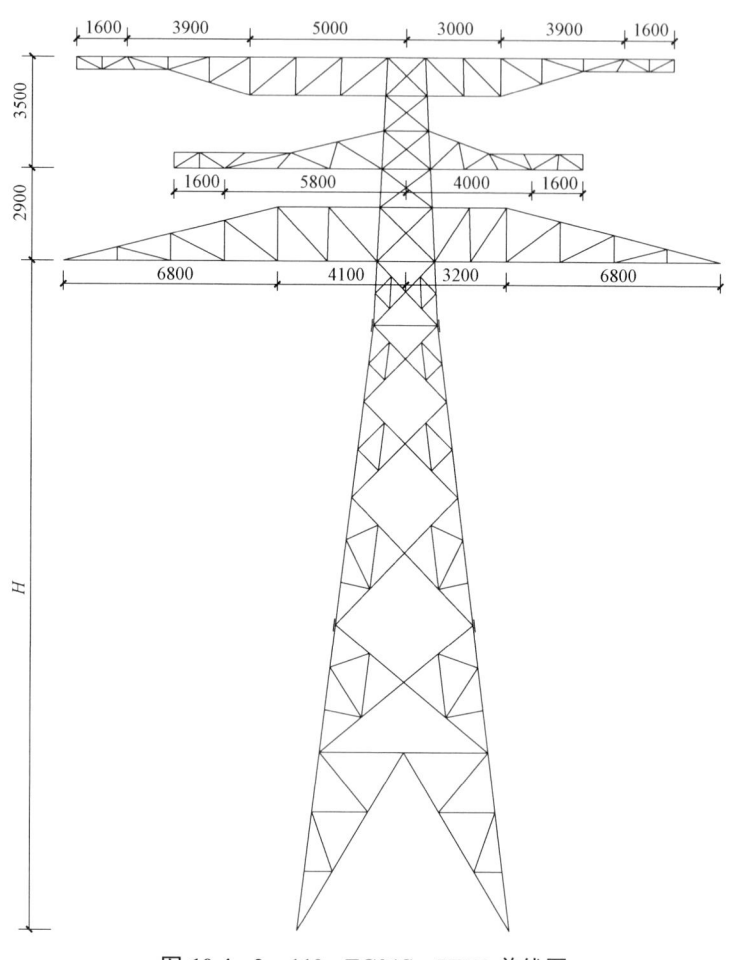

图 10.4-2 110-FC21S-JZY2 单线图

表 10.4-9 设 计 参 数 一 览 表

序号	编码	呼高（m）	全高（m）	根开（mm）	总质量（kg）
1	110-FC21S-JZY-9	9	15.4	3790	16740.7
2	110-FC21S-JZY-12	12	18.4	4540	17915.2
3	110-FC21S-JZY-15	15	21.4	5270	19698.7
4	110-FC21S-JZY-18	18	24.4	6020	21409.3
5	110-FC21S-JZY-21	21	27.4	6770	22849.1

表 10.4-10 基 础 作 用 力 （kN）

呼高（m）	T_{max}	T_x	T_y	N_{max}	N_x	N_y
9	1500.26	268.33	217.15	1652.58	292.49	231.23
12	1604.96	268.37	223.94	1766.80	292.99	238.99
15	1678.67	268.70	225.66	1850.99	293.83	243.55
18	1733.48	269.42	228.48	1915.08	294.11	244.88
21	1774.68	269.56	242.21	1967.04	300.46	245.78